"十三五"高等学校规划教材

Java 面向对象程序设计教程

张志斌　主　编

张　明　祁建宏　郑明秋　副主编

朱小军　岳建斌　参　编

中国铁道出版社

CHINA RAILWAY PUBLISHING HOUSE

内 容 简 介

本书是针对 Java 语言初学者编写的基础教程，不仅讲解了 Java 程序设计的基础知识，而且提供了大量实用性很强的编程实例。全书共分 15 章，内容包括：初识 Java 语言、Java 语言基础、Java 语言程序结构、数组、字符串、Java 中的方法、类和对象、异常、Java 常用类库、Java 集合框架、Java 文件操作、Java 网络编程、Java 中的线程、AWT 与 Swing、虚拟机中的内存管理。另外，还提供了 2 个附录，介绍了正则表达式和 Java 中的反射机制，便于学生进行 Java 语言的深入学习。

本书内容通俗易懂，举例恰当生动，适合作为高等学校相关专业面向对象程序设计课程的教材，也可作为计算机行业从业人员和编程爱好者的参考用书。

图书在版编目（CIP）数据

Java 面向对象程序设计教程 / 张志斌主编. — 北京：
中国铁道出版社，2017.3
"十三五"高等学校规划教材
ISBN 978-7-113-22845-3

Ⅰ．①J… Ⅱ．①张… Ⅲ．①JAVA 语言－程序设计－
高等学校－教材 Ⅳ．①TP312.8

中国版本图书馆 CIP 数据核字(2017)第 025813 号

书　　　名：Java 面向对象程序设计教程	
作　　　者：张志斌　主编	
策　　　划：潘晨曦	读者热线：(010) 63550836
责任编辑：秦绪好　彭立辉	
封面设计：刘　颖	
封面制作：白　雪	
责任校对：张玉华	
责任印制：郭向伟	

出版发行： 中国铁道出版社（100054，北京市西城区右安门西街 8 号）

网　　址： http:// www.51eds.com

印　　刷： 北京尚品荣华印刷有限公司

版　　次： 2017 年 3 月第 1 版　　　2017 年 3 月第 1 次印刷

开　　本： 787mm×1092mm　1/16　**印张：** 15　**字数：** 359 千

书　　号： ISBN 978-7-113-22845-3

定　　价： 35.00 元

  Java 是一种跨平台的面向对象的程序设计语言，其前身是 Oak。Java 自面世后就非常流行，且发展迅速，具有卓越的通用性、高效性、健壮性、平台移植性和安全性，广泛应用于 PC、数据中心、游戏控制台、超级计算机、移动电话和互联网，同时拥有全球最大的开发者专业社群。在全球云计算和移动互联网的产业环境下，Java 具备显著的优势和广阔的前景。

  Java 语言的风格接近于 C++语言，但舍弃了 C++中的指针，改以引用取代（按内存地址传递），同时移除了 C++的运算符重载功能，移除了多重继承特性，改用接口取代，增加了垃圾回收器功能。

  本书通俗易懂，简单明了，重点突出，既考虑了初次接触 Java 的初学者，又为有一定编程经验者提供了相应的指导。此外，用各种事例来阐明比较难懂或者易混淆的概念，学生可以边学边练，逐步加深和完善对核心技术的理解。

  本书集合了数位多年教学一线教师的教学实例以及工作、研究经验编写而成，内容涵盖了最新的 Java 应用技术，具有可操作性、实践性和先进性。

  本书从面向对象的编程技术着手，涉及图形用户界面、网络通信、网络编程、线程等先进的应用技术，适合作为高等学校相关专业面向对象程序课程的教材，也可作为计算机行业从业人员和编程爱好者的参考用书。

  本书由张志斌任主编，张明、祁建宏、郑明秋任副主编，朱小军、岳建斌参与了编写。具体编写分工如下：第 1~6 章、第 14 章由张志斌编写；第 7~9 章由祁建宏编写；第 10、11 章由郑明秋编写；第 12、13 章由张明编写；第 15 章以及附录由岳建斌和朱小军编写。岳建斌和朱小军对书中程序进行了测试并审阅了全书。

  由于时间仓促，编者水平有限，书中疏漏和不妥之处在所难免，恳请专家和读者提出宝贵意见。

编 者
2016 年 12 月

第 **1** 章

初识 Java 语言

Java 语言与 C++语言一样，都属于面向对象语言。每种计算机语言都有它的优点和适用的领域，要想更好地了解某种语言，就需要了解它产生的原因、发展的历史，以及推动它发展的动力。本章将讲述 Java 语言的发展历史、开发环境的搭建，以及它的优势，并动手编写第一个 Java 程序。

1.1 Java 语言背景

1.1.1 语言概述

1991 年 4 月，Sun 公司（已于 2009 年被 Oracle 公司收购）的 James Gosling 领导的绿色计划（Green Project）开始着力发展一种分布式系统结构，使用这种技术可以把 E-mail 发送给电冰箱、电视机等家用电器，并对它们进行控制或与它们进行信息交流。由于 Green 项目组的成员都具有C++背景，一开始他们使用 C++语言来完成这个项目，所以首先把目光锁定了 C++编译器，但很快他们就感到 C++的很多不足，于是他们使用 C++开发了一种新的语言 Oak(Java 的前身)。Internet的出现，给 Java 语言的发展提供了契机，当时，Mark Ardreesen 开发的 Mosaic 和 NetScape 启发了Oak 项目组成员，他们用 Java 编制了 HotJava 浏览器，得到了 Sun 公司首席
运行官 Scott McNealy 的支持，并推动 Java 进军 Internet。关于 Java 的取名有
一个趣闻，有一天，几位 Java 成员组的会员正在讨论这个新的语言取什么名
字，当时他们正在咖啡馆喝着名为 Java(爪哇)的咖啡，有人就建议叫作 Java，
这个提议得到了其他人的高度赞赏，于是 Java 这个名字就这样被传开了。现
在人们看到 Java 的 Logo 就是一杯冒着热气的咖啡，如图 1–1 所示。

图 1–1　Java Logo

Java 总是和 C++联系在一起，而 C++则是从 C 语言派生而来的，所以 Java
语言继承了这两种语言的大部分特性。Java 的语法是从 C 继承的，Java 许多面向对象的特性受到C++的影响，但是学习 Java 语言之前，完全不必先去了解 C 或者 C++。

1.1.2 平台概述

Sun 公司将 Java 语言设计为可以针对移动平台、桌面系统、企业级应用进行开发的综合平台，极大地提高了 Java 语言的生产力。当掌握了 Java 语言的基本语言特性后，再通过学习特定的开发包，就可以开发移动应用程序（如手机游戏）、桌面应用程序（如人们熟知的 QQ、MP3 播放器都

属于桌面应用程序）和企业级的高级应用程序。现在，Java 语言在这 3 种平台的应用开发中，都占据了举足轻重的地位，Sun 公司将 3 种平台下的开发分别命名为 Java ME、Java SE 和 Java EE，它们是 Java 语言开发的 3 个应用领域。

（1）Java SE（Java Standard Edition）：Java 标准版本，对应于桌面开发，可以开发基于控制台或图形界面的应用程序。Java SE 中包括了 Java 的基础类库，也是进一步学习其他两个分支的基础。本书主要学习的内容就是 Java SE 中基于控制台的应用程序开发。

（2）Java ME（Java Mobile Edition）：Java 移动版本，对应于移动平台（如手机、PDA 等设备）的开发，因为这类设备的硬件差异很大，而 Java 恰恰具有平台无关的特性，同样的 Java 代码可以在不同的设备上运行，所以在移动平台开发中，Java ME 非常流行。从技术角度上可以认为 Java ME 是经过改变的 Java SE 的精简版。

（3）Java EE（Java Enterprise Edition）：Java 企业版本，对应于企业级开发，包括 B/S 架构开发、分布式开发、Web 服务等非常丰富的应用内容，在软件开发企业中被大量应用。

1.1.3　JDK 的概念和下载

Sun 公司提供了自己的一套 Java 开发环境，称为 JDK（Java Development Kit）。Sun 提供了多种操作系统下的 JDK，版本不断升级，如：JDK1.2、JDK1.3、JDK1.4、JDK1.5、JDK1.6 等。

JDK 是整个 Java 的核心，包括了 Java 运行环境（Java Runtime Environment）、各种 Java 工具和 Java 基础的类库（rt.jar）。

> **提示**：在 2004 年 10 月，Sun 发布了 JDK1.5 版本，它加入了泛型、枚举、annotation 等特性，使得 Java 编程更加方便，也许是为了纪念这次重大的革新，Sun 公司使用了 Java 5 这个名字。

用户可以到 Sun 的网站上下载 JDK，地址为 http://java.sun.com（因为 2009 年 4 月 Oracle 宣布收购了 Sun 公司，当输入了这个地址之后，会发现跳转到了 Oracle 公司的网站上）。在下载之前需要确定在哪个操作系统中使用，比如在 32 位 Windows 操作系统中使用，就应该下载与操作系统对应的 JDK 版本，这里下载的是 1.6 版本。选择平台界面如图 1-2 所示，JDK 下载界面如图 1-3 所示。

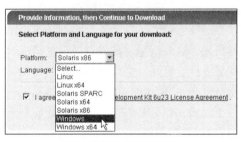

图 1-2　选择使用平台

双击下载后的 exe 文件就可以进行安装。JDK 安装完毕之后，得到如图 1-4 所示的目录结构。

关于 JDK 如何配置，如何使用 JDK 进行开发，请参考本章后续内容。JDK 中主要的目录内容如下：

（1）bin 目录：存放各种命令文件，在编译 Java 程序、运行 Java 程序时需要用到该目录中的文件。比如，编译 Java 程序就需要用到 javac 命令 ，运行 Java 程序就需要用到 java 命令。

（2）demo 目录：使用 Java 语言编写的一些示例程序。

（3）jre：Java 运行环境。Java 程序运行必需的运行环境，参见 1.4 节的内容。

（4）lib：Java 程序中用到的一些类库。初学阶段不必知道什么是类库，后续课程中会讲到。

（5）src.zip：类库的源代码。

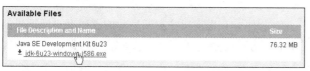

图 1-3 下载 Windows 使用的 JDK　　　　图 1-4 JDK 目录结构

1.2 Java 的优势和特点

经过十余年的发展，如今的 Java 语言比当初语言特性更完善、应用面更全、运行效率更高。从技术角度讲，Java 语言的重要特点如下：

（1）面向对象：继面向过程编程之后，近年来最主流的编程方式就是面向对象编程。面向对象的设计和编程方式特别适用于更复杂、更庞大的应用软件开发。

（2）健壮性与安全性：Java 提供了完善的内存管理机制，开发者可以通过简单的方式使用内存空间并有效地避免内存溢出。Java 同时内置了安全机制，能够有效地控制应用程序的访问权限，在网络开发环境中，此特性为开发可靠的企业级应用程序提供了保障。

（3）高性能：通过优化的运行机制 Java 可以提供不逊于其他语言的运行速度，并可以通过调用原生代码的方式提高关键程序的性能。

（4）平台无关：平台无关特性可以让 Java 程序运行在不同的软硬件或网络环境中，代码不经修改可以发布到不同的平台，极大地增强了软件的生命力和投资价值。

（5）多线程开发：Java 支持多线程开发并提供了完善的并发访问控制，多线程的应用可以提高程序的性能，充分利用硬件资源（如在多核 CPU 的硬件环境下）。

（6）分布式应用：有些复杂的应用程序系统，单台计算机难以满足需求，这时需要将程序发布到多台计算机上共同计算，这种应用称为分布式应用。Java 程序可以进行此类分布式的软件开发。

1.3 JDK 的配置

应用软件都是运行在操作系统中的，操作系统就是一个大管家，它管理所有运行的软件、硬件。软件需要在操作系统中"注册"，操作系统才能识别这个软件。比如，在机器上安装了 QQ，双击桌面上的图标，QQ 就能够运行，这是因为安装了 QQ 后，相当于 QQ 程序在操作系统中注册了。

同样的道理，安装 JDK 之后，还需要经过一系列的配置才能正确地运行 Java 程序。JDK 的配置涉及 3 个环境变量：

（1）JAVA_HOME：JDK 的安装目录。

（2）PATH：该环境变量是操作系统固有的环境变量，作用是设置供操作系统去寻找和运行应用程序的路径。也就是说，如果操作系统要运行某个命令，会按照 PATH 环境变量指定的目录去依次查找，以最先找到的为准，由于该环境变量中可能配置多个路径，在 Windows 中，同一个环境变量的多个不同的路径之间使用分号（;）隔开，比如要编译一个 Java 程序，需要用到 javac 命令，这个命令在 JDK 安装目录的/bin 目录中，所以要在 PATH 环境变量中添加一个 JAVA_HOME 下的 bin 目录。

（3）CLASSPATH：作用和 PATH 类似，Java 程序是在虚拟机（本章后面的课程有对虚拟机的介绍）中运行的，Java 虚拟机按照 CLASSPATH 环境变量指定的目录顺序去查找可以运行的 Java 程序。

假设 JDK 的安装目录为 D:\Program Files\Java\jdk1.6.0_23，环境变量配置如下：

```
JAVA_HOME= D:\Program Files\Java\jdk1.6.0_23
PATH=操作系统中原来的值; %JAVA_HOME%\bin
CLASSPATH=.;%JAVA_HOME%\lib\tools.jar;%JAVA_HOME%\lib\dt.jar
```

提示：CLASSPATH 变量设置等号后面第一个字符是 "."，表示当前目录，也就是首先到当前目录中搜索。%JAVA_HOME%是前面定义的 JAVA_HOME 变量的引用，其中的值为 D:\Program Files\Java\jdk1.6.0_23，它与后面的 \lib\tools.jar 组成一个完整的路径，即 D:\Program Files\Java\jdk1.6.0_23\dt.jar。

具体的配置过程如下：

（1）右击"我的电脑"，选择"属性"命令，选择"高级"选项卡，如图 1-5 所示。

（2）单击"环境变量"，在弹出窗口中的系统环境变量中单击"新建环境变量"，配置 JAVA_HOME 环境变量，如图 1-6 所示。

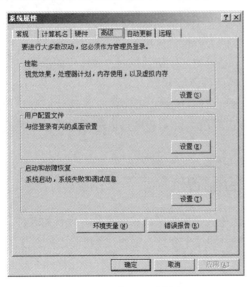

图 1-5　"高级"选择卡

图 1-6　配置 JAVA_HOME 环境变量

（3）找到"系统变量"中的 Path（见图 1-7），选中后单击"编辑"按钮，在弹出的对话框中输入变量名和变量值，如图 1-8 所示。

图 1-7 系统中的 path 环境变量　　　　　　图 1-8 设置 Path 环境变量

> **提示：** 不要删除原有的内容，因为原来的内容在其他软件运行时需要用到。

（4）按照新建 JAVA_HOME 的方式就可以新建 CLASSPATH 环境变量。

1.4　JRE 的概念

JRE（Java RunTime Environment，Java 运行时环境）是用来运行、测试和传输应用程序的 Java 平台。它包括 Java 虚拟机、Java 平台核心类和支持文件。它不包含开发工具，如编译器、调试器和其他工具。

当编写 Java 程序时需要 JDK，JDK 中就包含了一个 JRE。如果只是要运行 Java 程序，直接下载并安装 JRE 即可。

1.5　程序语言的编译和解释

计算机并不能直接地接受和运行用高级语言编写的源程序，源程序必须通过"翻译程序"翻译成计算机所能够理解的可运行的目标程序（由 0、1 组成的二进制程序），计算机才能识别和运行。这种"翻译"通常有两种方式：编译方式和解释方式。

编译方式是指利用事先编好的称为编译程序的机器语言程序进行"翻译"。当用户将用高级语言编写的源程序输入计算机后，编译程序便把源程序整个翻译成用机器语言表示的目标程序，然后计算机再运行该目标程序，以完成源程序要处理的运算并取得结果，如图 1-9 所示。

图 1-9 编译程序

解释方式是指源程序进入计算机后，解释程序边扫描边解释，逐句输入逐句翻译，计算机逐句运行，并不产生目标程序，如图 1-10 所示。

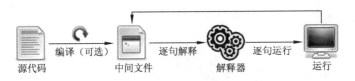

图 1-10　解释程序

1.6　第一个 Java 程序

首先在磁盘上新建一个目录（如 java，该目录的路径中建议不要出现中文，空格等特殊字符），然后在这个文件夹中新建一个文本文件，以.java 为扩展名（如 Hello.java）。这里以 E:\ 为例进行说明，如图 1-11 所示。

> 注意：文件的扩展名是 .java，而有时候用户看到的扩展名虽然是java，但实际上不是，这是因为操作系统的默认设置中隐藏了常见的文件扩展名。此时，需要去掉这个设置才能看到真实的扩展名，操作步骤如下：
> （1）选择 E 盘中的 java 文件夹，选择"工具"→"文件夹选项"命令，如图 1-11 所示。
> （2）选择"查看"选项卡，取消选择"隐藏已知文件类型的扩展名"复选框，如图 1-12 所示。

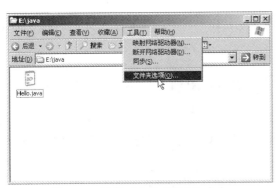

图 1-11　选择"文件夹选项"命令

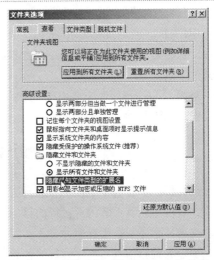

图 1-12　取消选择"隐藏已知文件类型的扩展名"复选框

使用文本编辑器打开 Hello.java 文件，在其中输入如下代码：

```
/**
*    我的第一个 Java 程序
**/
public class Hello {
    public static void main(String[] args){
```

```
        //简单的输出结果
        System.out.println("这是我的第一个 Java 程序");
    }
}
```

代码说明：

（1）第 1～3 行代码为 Java 中的多行注释。注释是 Java 中的特殊语句，是为了对程序员进行提示，利于程序维护，编译器在编译时会自动忽略注释内容。这里的注释以 "/*" 开头，以 "*/" 结尾，称为多行注释。该注释标记成对出现，不能嵌套。

（2）关键字 class 声明一个名称为 Hello 的类，并且使用关键字 public 将其修饰为公有。Java 中要求一个源文件中如果存在 public 的类，那么这个 public 类的名称和 Java 源文件名必须相同。

（3）此行定义 main() 方法，main() 方法是 Java 程序运行的入口，也就是说程序从这里开始运行。

（4）"//" 在 Java 中代表单行注释。

（5）第 7 行语句的作用是向控制台输出字符串 "这是我的第一个 Java 程序"。

（6）第 8、9 行分别代表 main() 方法和 Hello 类的结束，类或方法必须使用成对的大括号将其内容括起来。

> 提示：在编辑 Java 程序时，需要注意关键字的大小写，Java 程序严格区分大小写。

1.7　编译和运行第一个 Java 程序

前面已经写好了一个 Java 程序源代码，但此时 Java 程序还不能运行。要想使计算机能够运行 Java 程序，需要将 Java 源代码转换成计算机所能够理解的二进制码，这个过程就是 "编译"，Java 的源代码经过编译之后，会生成一个以 class 结尾的文件。

那么如何进行编译呢？这时就需要用到 JDK 的 bin 目录中的 javac.exe 命令，前面在环境变量中已经设置了它存放的位置，这时可以在 DOS 窗口中直接使用这个命令。

选择 "开始" → "运行" 命令，输入 cmd 后打开 DOS 窗口，定位到 E:\java 目录中，分别输入 javac Hello.java 对源文件进行编译，输入 java Hello 运行 Java 程序，如图 1-13 所示。

在 Windows 中查看这个目录，发现此时多了一个文件，Hello.class 文件，这就是编译以后的字节文件，如图 1-14 所示。

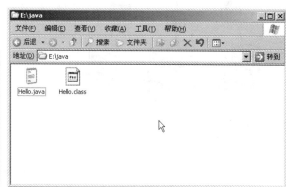

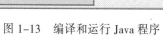

图 1-13　编译和运行 Java 程序　　　　　　　图 1-14　编译后形成字节码文件

源代码经过编译以后，就可以运行 Java 程序。与在 Windows 中运行程序不同，运行 Java 程序时，需要通过 JDK 安装目录下 bin 目录中的 Java.exe 命令来完成。跟 javac 命令一样，通过前面的环境配置后，操作系统已经知道它所在的位置，所以可以直接在 DOS 窗口中使用 java 命令来运行刚才编译过的程序。

1.8　Java 虚拟机与跨平台性

前面 Java 源代码经过编译，产生了字节码文件（Java 编译后的.class 文件称为字节码文件），但是该字节码文件并不是计算机能直接运行的二进制文件，需要使用 JDK 中的 java 命令来运行。实质上，Java 是解释执行的高级语言，为了提升运行性能，Java 解释器运行的是字节码文件中的代码。

目前市面上主流的计算机平台及很多移动设备平台，都有自己的 Java 解释器，Java 解释器加上各自的 Java 类加载器以及校验器等各种组件，统一封装成了 Java 虚拟机（Java Virtual Machine，JVM）。

Java 的字节码文件是重新编码、经过语法校验的，是一个能够被 JVM 识别并运行的二进制文件，同时该 class 文件与 Java 源文件的语句代码一一对应。一般来说，字节码文件可以通过反编译工具反编译成源代码文件，因此这些字节码文件又称中间字节码文件。

相同的 Java 字节码文件，可以在不同平台下的 JVM 中不加修改地运行，这就是 Java 语言的平台无关性，也就是 Java 的跨平台特性，如图 1-15 所示。

编译后的 class 文件在 JVM 中运行，不同的计算机平台拥有不同的 JVM，比如 Windows 操作系统中拥有 Windows 平台下的 JVM，UNIX 平台拥有 UNIX 平台下的 JVM，这些不同平台下的 JVM 可以运行相同 class 文件，因此经过编译的 Java 源程序可以运行在任何平台的 JVM 中，并且无须重新编译。这就是 Java 的平台无关性，即 Java 的跨平台性。在程序运行时需要 java 命令，该命令就是启动一个 JVM 实例来运行命令中的 Java 程序。

下面使用一幅图来进一步理解 Java 的跨平台性，如图 1-16 所示。

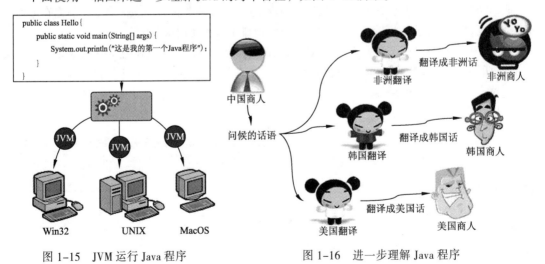

图 1-15　JVM 运行 Java 程序　　　　图 1-16　进一步理解 Java 程序

1.9　Java 程序打包

Java 的 Logo 是一杯冒着热气的咖啡，而咖啡是用咖啡豆磨出来的，如果咖啡豆太多了，就需要将咖啡豆装到坛子中，或者容器中。通过前面的学习可知，Java 程序实际上是由一些 .class（字节码）文件组成的，这些字节码文件就是那些"咖啡豆"，如果字节码太多了，同样要装到"坛子"中。英文单词 jar 就有"广口瓶""坛子"的意思。将多个.class 文件组合打包到一个 .jar 文件中，这样可以方便字节码文件的管理。

回到 JDK 的安装目录下，进入 lib 文件夹，会看到一些 jar 文件，如图 1-17 所示。这些 jar 文件使用的是 ZIP 格式压缩的，所以使用 WinZIP 或者 WinRAR 软件就可以打开这些 jar 文件，查看其中包含的内容。

JDK 的 bin 目录中提供了一个 jar.exe 程序，使用这个程序可以对 .class 文件进行打包。前面在 E:\java 目录中编译了一个 Hello.class，下面使用 jar 命令将 Hello.class 文件打包进 hello.jar 文件中。

在命令行中输入 jar –cvf hello.jar *.class，如图 1-18 所示。

图 1-17　系统 jar 文件

图 1-18　文件打包

在这个命令中，jar 是程序名称，cvf 是参数，其中 c 表示创建一个新的 jar 文件，v 表示显示生成并详细输出，f 表示指定生成的 jar 文件名。如果想更进一步了解 jar 程序的其他参数，可直接在控制台输入 jar 并按【Enter】键，即可看到 jar 程序提供的说明。

第 **2** 章

Java 语言基础

学习 Java 语言和学习英语，汉语等语言一样，需要从基础语法学起，为后面学习面向对象打下基础。

2.1 标 识 符

生活中，每个人都有姓名，这个姓名就是一个人的标识符（identifier）。在人类语言中使用姓名对人进行标识，沟通起来就很方便。在 Java 语言中，当人们想表达某些事物时，也需要使用标识符对这些事物进行标识。标识符由一个或者多个字符组成，Java 语言对这些字符有严格的规定。

首先是标识符的组成。Java 语言规定，标识符只能由字母，数字，下画线"_"和"$"符号组成，并且数字不能用于开头，其中字母是区分大小写的。以下标识符都是合法的标识符：

userName、$My_Java、Age、java、_privateValue

以下标识符都是不合法的：

（1）2010year：原因是标识符中不能以数字开头。

（2）user#name：原因是标识符只能由数字、字母、下画线、$符号组成，#不合法。

其次，Java 语言中预定义了一些标识符，这些标识符都有特殊的用途，称为关键字或保留字。因为关键字是语言本身预定义表示特殊用途的字符序列，所以程序员在定义标识符时，不能使用这些关键字或保留字。

以下是 Java 关键字和保留字不能用来做标识符。

private	protected	public	abstract	class	extends
final	implements	interface	native	new	static
strictfp	synchronized	transient	volatile	break	continue
return	do	while	if	else	for
instanceof	switch	case	default	catch	finally
throw	throws	try	import	package	boolean
byte	char	double	float	int	long
short	null	true	false	super	this
void	goto	const	enum		

2.2 数据类型和变量

2.2.1 数据类型

计算机程序可以处理各种数据，包括字符、数字、声音、图片、影像等。程序运行时，这些数据要放到内存中进行处理，那么为这些数据分配多大的内存呢？Java 语言中将这些数据进行了一个分类，并给每个类别起了一个名字，称为基本数据类型，同时规定了每种基本数据类型占用的内存大小。当然，程序员也可以自己来定义数据类型，这就是后面要学习的"类"。

Java 中的数据类型分为基本数据类型和引用数据类型。基本数据类型使用很广泛，共分为 8 种，如表 2-1 所示。

表 2-1 Java 基本数据类型

数据类型名称	占用空间	保存范围	使用举例
boolean（布尔型）	1 B	true 或 false	保存性别、婚否
byte（字节型）	1 B	-128~127	对字节操作时使用，如文件读/写
char（字符型）	2 B	0~65 535	保存单个字母或汉字时使用
short（短整型）	2 B	-32 768~32 767	保存较小的整数时使用
int（整型）	4 B	-2 147 483 648~2 147 483 647	保存一般的整数时使用，如陕西省总人口
long（长整型）	8 B	-9 223 372 036 854 775 808~ 9 223 372 036 854 775 807	保存较长的整数时使用
float（浮点型，单精度）	4 B	-3.402 823e38~3.402 823e38	保存小数时使用，如身高、体重
double（浮点型，双精度）	8 B	-1.797 693e308~1.797 693E308	保存精度较高的小数时使用，如圆周率

> **问题**：为什么 byte 类型的范围是-128~127 呢？
>
> 因为 byte 占用 1 字节空间，1 字节是 8 个二进制位。计算机中使用补码来表示一个数字（关于补码可参阅相关计算机书籍）。8 个二进制位中最高位表示数字是正数还是负数，即符号位。如果是 0 则表示是正数，如果是 1 则表示数字是负数，所以使用 8 个二进制位表示的最大正数就是 0111 1111，即 127，那么最小的负数就是 1100 0000，这个数就是-128。

Java 中的引用数据类型比较复杂，会在后续的章节重点介绍，常见的引用数据类型如表 2-2 所示。

表 2-2 Java 常见引用数据类型

引用类型	作用
String	保存字符串，进行字符串相关运算
Integer	整型的包装类，提供了对整型计算的各种方法
ArrayList	集合，保存一系列数值

2.2.2 变量

变量是编程语言中最基本的概念。计算机在计算过程中所需的数据首先需要临时或者永久保存。使用内存来保存临时数据，并使用标识符将内存中的数据进行标识，以便程序中方便对内存中存储的数据进行存取，这个标识符称为变量。比如，编写计算矩形面积的程序，需要使用两个变量分别记录矩形的长和宽，然后计算机从变量所对应的内存中取出数据，进行乘法计算，再将计算的结果存储到另一个变量中。使用伪代码描述这个过程如下：

```
变量 A=30;                    //矩形的宽
变量 B=40;                    //矩形的高
变量 C=变量 A * 变量 B;        //计算矩形的面积
```

变量就是计算机内存中存放数据的单元，当把数值赋给变量时，实际上就是将数值存储到变量占用的内存空间。为了区分不同的变量，变量需要具有唯一的名称（Java 语言中的变量命名区分大小写，有些语言并不区分）。

Java 语言还要求变量在使用前必须先进行定义，变量定义就是为变量分配所需要的内存空间，内存空间一旦分配给了某一变量，该变量一直使用此内存空间存储数据，直到变量不需要使用时，这片内存空间会被收回。图 2-1 所示为变量分配内存空间示意图。

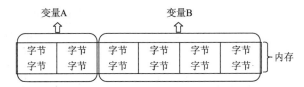

图 2-1   为变量分配内存空间示意图

在为变量分配内存空间时会遇到一个问题，因为不同变量中保存的数据不一样，不同变量对内存空间的需求也不一样，比如用来保存年龄的变量用 2 字节的内存空间就足够了，保存地球到月球距离的变量就需要更多字节的内存空间，所以必须在定义变量时确定变量需要的内存空间大小。但是，每次在定义变量时计算内存空间十分麻烦，为简化变量定义、方便使用，高级编程语言中均提供了变量的"数据类型"这一概念来简化内存分配，表 2-1 中已经定义出每一种数据类型占用的内存空间大小。

定义变量的语法格式：

```
数据类型 变量名[=初始值];
```

在定义变量时，可以为变量赋予初始值。例如：

```
int a=30;
int b=40;
int c=a*b;
```

在 Java 语言中，可以在定义变量时给变量赋予初始值，称为默认值或初始值，也可以定义时不赋值，在使用前赋值。

至此，可以总结出定义变量的 3 个要素：数据类型、变量名、初始值，其中数据类型和变量名是必须指定的。

2.2.3   各种类型的变量

在定义变量时一旦确定了数据类型，后续无法更改，因此在定义变量前应该根据变量保存的内容仔细选择数据类型。需要注意的是，字面值常量（诸如 10000、7.6 这样的常量）也是具有数据类型的，如 10000 为 int 型，7.6 为 double 型。

例如，正确的数据类型使用和赋值：

```
boolean isMale=true;        //boolean 型的值只能为 true 或 false
byte firstByte=5;
char letterA='A';           //为 char 赋字符值时，需要将字符置于单引号中
char letterB='汉';
short age=20;
int people=198975473;
double height=1.83;
```

字符的特殊说明：char 类型可以保存一个字符（包括字母和汉字），有些特殊字符难以表示（如换行符、制表符），可以采用下列两种方式处理：

（1）使用字符反斜行"\"进行转义。

（2）使用'\u0000'的方式直接输入字符十六进制的 Unicode 编码。

例如，使用转义字符为 char 类型变量赋值：

```
char a='\n';                // \n 代表换行符
char b='\t';                // \t 代表制表符
char c='\\';                // \\ 代表反斜杠
char d='\"';                // \' 代表单引号
char e='\u0041';            // 0041 为字符 A 的 Unicode 编码（十六进制格式）
```

八进制与十六进制表示使用 0 作为前缀表示八进制数字，如 017 为十进制的 15。使用 0x 作为前缀表示十六进制数字，如 0x1F 为是十进制的 31。

类型后缀：前面说过 Java 会将整型的字面值常量认作 int 类型，浮点型的字面值常量认作 double 类型，所以下面两行代码会出现错误：

```
long a=8888888888;
float b=1.83;
```

读者可能会觉得奇怪，数字 8888888888 虽大，但仍在 long 类型的保存范围内，为什么代码会出错呢？原因就在于 Java 将整数认作 int 类型，但 8888888888 超出了 int 类型的保存范围，所以会报错。这时通过添加类型后缀"L"将其指定为 long 类型可以解决。例如：

```
long a = 8888888888L;
```

而 1.83 被认作 double 类型，虽然超出范围，但是 Java 不能将 double 类型的数值直接赋值给 float 类型的变量（具体原因见后续的类型转换），这时通过添加类型后缀"F"将其指定为 float 类型可以解决，例如：

```
float b=1.83F;
```

String 类型并不属于上面提到的 8 个基本类型，不过 String 类型是一个很常用的类型，它用来存储字符串变量。确切地说，String 是一个类，它封装了一些关于字符串的操作。

```
String aString;
aString="Hello World!";
```

上面两行代码声明了一个字符串变量，并给变量赋值为"Hello World！"。注意，在声明字符串变量时，要注意"String"的大小写，不要把"String"写成"string"。此外，在给字符串赋值时要使用双引号（""）括住字符串。

给字符串变量赋值还有一些其他的方法：

```
String aString=new String("Hello World!");
String aString="Hello World!"
```

2.3　字　面　常　量

```
int aint=10;
boolean abool=true;
char achar='x';
```

在上面的 3 行代码中，10、true、x 就是所谓的字面常量。根据数据类型的不同，字面常量又分为：

（1）整数字面常量，如 10、23L、056、0x23 等。

（2）浮点字面常量，如 3.14、2.6F 等。

（3）布尔字面常量，值为 true、false。

（4）字符字面常量，如'A'、'\\'等。

（5）null 字面量，值为 null，代表什么都没有。

（6）字符串字面量，必须用双引号包含，如"stephen"。

2.4　算术运算和算术运算符

计算机以运算为核心，常见运算包括赋值运算、算术运算、关系运算和逻辑运算。除此之外，Java 语言还提供了丰富的位运算。

从小学起，我们就开始接触算术运算，提起加、减、乘、除，相信所有人都不陌生，其中加号、减号、乘号、除号称为运算符，参与运算的数据称为操作数，如图 2-2 所示。

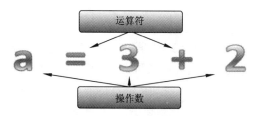

图 2-2　运算符和操作数

用运算符和操作数写出的式子称为表达式。表达式的运算结果就是表达式的值。

Java 中常规的算术运算符如表 2-3 所示。

表 2-3　运算符和操作数

运　算　符	说　　明	示　　例
+	加法运算符，求两个操作数的和	3 + 2　表达式的值是 5
-	减法运算符，求两个操作数的差	6 - 1　表达式的值是 5
*	乘法运算符，求两个操作数的积	2 * 3　表达式的值是 6
/	除法运算符，求两个操作数的商	8 / 4　表达式的值是 2
%	求余运算符，求两个整数的余数	9 % 7　表达式的值是 2
++	自增运算符，对一个整数变量运行加 1 操作	int a=3、++a 或者 a++，a 的结果都是 4
--	自减运算符，对一个整数变量运行减 1 操作	int a=3、++a 或者 a++，a 的结果都是 2

【例 1】已知矩形的长和宽分别是 30 和 20.5，请输出周长。

代码演示：求矩形的周长

```java
public class Chapter2{
    public static void main(String[] args){
        int width=30;
        double height=20.5;
        double result=(width + height)*2;
        System.out.print("矩形的周长是: ");
        System.out.println(result);
    }
}
```

（1）第 3 行程序在内存中开辟一个整型空间 width，然后把 30 保存到该空间中。也就是说，把 30 赋给变量 width。其中等号在程序中就是赋值的意思，"=" 是赋值运算符，很明显，等号左边必须是一个变量。赋值运算就是把等号右边的表达式的值赋给等号左边的变量。

（2）第 5 行中 (width + height) * 2 用到了加法和乘法，以及一个小括号，Java 的算术运算的顺序是：先乘除，后加减，小括号运算优先。该行表示把(width+height) * 2 的计算结果赋值给变量 result。

（3）第 6、7 行运行之后输出结果是 "矩形的周长是：101.0"，输出的结果在一行。

> 提示　程序设计的一般流程如下：
> （1）声明变量：目的是为了把数据保存起来，在内存中开辟的空间。
> （2）给变量赋值：把数据保存到相应的变量中。
> （3）对变量的值进行处理：对变量数据进行计算。
> （4）输出结果：输出用户需要的结果。

【例 2】已知三角形的底是 31，高是 32，求三角形的面积。

```java
public class Chapter2 {
    public static void main(String[] args) {
        int width=31;
        int height=23;
        double result=width*height/2;
        System.out.print("三角形的面积是: ");
        System.out.println(result);
    }
}
```

从数学的角度看，三角形的面积应该是：356.5 。而上面代码运行结束后输出结果是："三角形的面积是：356.0"，为什么会有这样的结果？

算术运算符除号（"/"）两边的操作数都是整型（int）时，"/" 就是整除运算，运算结果中如果有小数部分，小数部分会直接丢弃而不会四舍五入；除号（"/"）在两边的任何一个操作数是 double 或者 float 类型，"/" 就是小数运算，结果会保留小数点后的精度。应该修改的地方是：把第 3 行修改为 double width = 31，或者把第 4 行修改为 double height = 23。

【例 3】用键盘输入张三的 Java 课程、数据库课程和网页设计课程的成绩，求张三的平均成绩。

Java 是面向对象的语言，JDK 中提供了很多已经开发好的类库，在程序开发过程中可以直接使用。java.util.Scanner 类提供了获取用户在控制台中输入的信息的功能。

使用方法：

（1）创建 Scanner 对象，该对象能够接收用户在控制台中输入的信息。

```
java.util.Scanner input=new java.util.Scanner(System.in);
```

（2）使用 Scanner 对象提供的方法获取用户输入的数字：

```
int score=input.nextInt();
```

程序如下：

```
public class ThirdDemo{
    public static void main(String[] args){
        int javaScore=0;              //存放 Java 成绩
        int dbScore=0;                //存放数据库成绩
        int htmlScore=0;              //存放网页设计成绩
        java.util.Scanner input=new java.util.Scanner(System.in);
        System.out.print("请输入 Java 成绩: ");
        javaScore=input.nextInt();
        System.out.print("请输入数据库成绩: ");
        dbScore=input.nextInt();
        System.out.print("请输入网页设计成绩: ");
        htmlScore=input.nextInt();
        double result=(javaScore+dbScore+htmlScore)/3.0;
        System.out.print("平均成绩是: ");
        System.out.println(result);
    }
}
```

第 6 行程序生成 Scanner 对象，生成 Scanner 对象是必需的，并且格式是固定的，关于类和对象的使用，后面章节会介绍。

第 8、10、12 行分别输入三门课的成绩，成绩是整型的。键盘输入后赋值给相应的变量。

Scanner 对象中常用的获取用户输入的方法如表 2-4 所示。

表 2-4　Scanner 对象的常用方法

方　法	作　用
next	输入字符串
nextInt	输入 int 类型整数
nextShort	输入 short 类型整数
nextLong	输入 long 类型整数
nextFloat	输入 float 类型浮点数
nextDouble	输入 double 类型浮点数
nextByte	输入 byte 类型数据

上面的示例中分别使用了加、减、乘、除以及求余的运算，另外还有两个特殊但很有用的运算符：自增运算符（++）和自减运算符（--）。假设变量 num 的值为 10，等价的 Java 代码和运行结果如表 2-5 所示。

表 2-5　自增自减运算符用法

表 达 式	等价的 Java 代码	运 行 结 果
num++	num = num + 1	num 结果是 11

续表

表 达 式	等价的 Java 代码	运 行 结 果
num--	num = num – 1	num 结果是 9
++num	num = num + 1	num 结果是 11
--num	num = num – 1	num 结果是 9

> **提示**：++ 和 -- 运算符只需要一个操作数，该操作数只能是一个整型的变量，不能是具体的数字。

自增自减的示例：

```java
public class Chapter2{
    public static void main(String[] args){
        int num=10;
        int result1=0;
        int result2=0;
        result1=++num;
        System.out.print("result1=");
        System.out.print(result1);
        System.out.print(",num=");
        System.out.println(num);
        num=10;
        result2=num++;
        System.out.print("result2=");
        System.out.print(result2);
        System.out.print(",num=");
        System.out.println(num);
    }
}
```

运行结果：

```
result1=11,num=11
result2=10,num=11
```

从运行结果看，不论是++num 还是 num++，num 的结果都是 11；而++num 情况下 result1 的值就是 11，num++的情况下 result 的值是 10。

算术运算符中，+、–、*、/、%参与运算时都需要两个操作数才能参与运算，把这些运算符称为二元运算符，对应的++、--运算符称为一元运算符，后面还要学习三元运算符和多元运算符。

> **提示**：算术运算中，运算符的优先级由高到低的顺序如下。
> （1）括号优先。
> （2）一元运算符运算优先级次之。
> （3）二元运算符：先乘除求余，再加减。
> （4）多元运算符（将来会学习到）。
> （5）赋值运算符级别最低。

2.5　关系运算和关系运算符

关系运算符在两个操作数之间建立关系，如果关系成立，则返回 boolean 类型的 true 值，如果关系不成立，则返回 boolean 类型的 false 值。具体的关系运算符如下：等于（==）、不等于（!=）、大于（>）、大于等于（>=）、小于（<）、小于等于（<=）。

> **提示：** 赋值运算符 "=" 与关系运算符 "==" 的区别："=" 用于给变量赋值，"==" 用于比较两个变量是否相等，不能混用。

关系运算符应用示例：

```java
public class Chapter2{
    public static void main(String[] args){
        boolean isBig=5>4;              //返回 true
        boolean isSmallEqual=5<=10;     //返回 true
        boolean isEqual=10==10;         //返回 true
        boolean isNotEqual=10!=10;      //返回 false
    }
}
```

2.6　逻辑运算和逻辑运算符

逻辑运算符由与、或、非 3 种运算组成。它可以把多种关系运算进行统一混合运算，写法分别为 &&、||、!，运算规则如表 2-6 所示。

表 2-6　逻辑运算符的运算规则

运 算 符	操 作 数	运 算 规 则
逻辑与 &&	2 个	两个操作数均为 true 则结果为 true，否则结果为 false
逻辑或 ||	2 个	两个操作数中只要有一个为 true 则结果为 true，否则结果为 false
逻辑非 !	1 个	操作数为 true 则结果为 false，否则为 true

逻辑运算符应用实例：

```java
public class Chapter2 {
    public static void main(String[] args) {
        boolean isAnd=(5>3)&&(6>10);    //返回 false
        boolean isOr=(5>3)||(6>10);     //返回 true
        boolean isNot1=!(3>5);          //返回 true
        boolean isNot2=!(isAnd||isOr);  //返回 false
    }
}
```

> **提示：** 为提高运算效率，在程序运行时对关系和逻辑运算做了优化。在进行"逻辑与"运算时，当第一个操作数结果为 false 时，直接返回 false，不再进行第二个操作数的运算；在进行"逻辑或"运算时，当第一个操作数结果为 true 时，直接返回 true，不再进行第二个操作数的运算。

2.7 位运算和位运算符

为了方便对二进制位进行操作，Java 提供了 4 个位运算符：按位与（&）、按位或（|）、按位异或（^）、按位取反（~）。

2.7.1 按位与

在上一节已经介绍了"逻辑与"操作的运算规则，"按位与"与"逻辑与"的运算规则相似，只不过"逻辑与"的操作结果是布尔变量，而"按位与"是对整数在内存中的每一个位进行"与"操作，操作结果为 0 或者 1。"按位与"的操作符为"&"：

```
1 & 1==1
1 & 0==0
0 & 1==0
0 & 0==0

操作数 A        01101101
操作数 B        00110111
按位与&         00100101
```

从上面的例子中可以看出，只有在 A 和 B 的相同位都为 1 时，计算结果才为 1，否则计算结果为 0。

2.7.2 按位或

同样，"按位或"运算与"逻辑或"运算的真值表也相似。"按位或"的操作符为"|"：

```
1 | 1==1
1 | 0==1
0 | 1==1
0 | 0==0

操作数 A        01101101
操作数 B        00110111
按位或|         01111111
```

从这个例子中可以看出，只要在 A 和 B 的相同位有 1，计算结果的该位就为 1。

2.7.3 按位异或

按位异或运算的运算就是两个操作数相同（同为 0，或者同为 1）时结果为 0，两个操作数不同时，结果为 1。

```
操作数 A        01101101
操作数 B        00110111
按位异或^       01011010
```

从上面的例子可以看出，只要 A 和 B 的相同位的值不同计算结果就为 1，否则为 0。

2.7.4 按位取反

取反就是把 0 变为 1，1 变为 0。下面是一个按位取反的例子。

```
操作数          00110111
按位取反~       11001000
```

在 Java 中，还可以使用运算和赋值简写，如把变量 a 与数值 0xFF 进行"与运算"并把结果赋值给 a，可以写为：a &= 0xFF。下面的例子综合了所有的位操作符。

```
public class Chapter2{
    public static void main(String[] args){
        int a=0x3333;
        System.out.println(a&0xFF);
        System.out.println(a|0x330000);
        System.out.println(a^0xCCCC);
        System.out.println(Integer.toHexString(~a));
        a=0x3333;
        a&=0xFF;
        System.out.println(a);
        a=0x3333;
        a|=0x330000;
        System.out.println(a);
        a=0x3333;a^=0xCCCC;
        System.out.println(a);
    }
}
```

程序的计算结果：

```
51
3355443
65535
ffffcccc
51
3355443
65535
```

使用 Windows 的计算器，可以推算出 0x33 的十进制值为 51,0x333333 的十进制值为 3355443，0xFFFF 的值为 65535。当然，最后一个对 a 进行按位取反的十六进制值为 0xFFFFCCCC（Integer 类的 toHexString 方法可以把一个整数转换成十六进制表示的字符串）。

2.8　赋值和赋值运算符

等号"="在 Java 语言中称为赋值运算符，在赋值运算中，就是把"="右边的值赋予左边的变量，例如：

```
int aValue=4;
```

也就是说，在内存中申请一块整型空间，并且赋值为整数 4。

除了前面提到过的赋值运算符（"="）外，还有一些复合赋值运算符。常见的有+=、-=、*=、/=、%=。

假设 a 的值是 10，列出部分复合赋值运算，如表 2-7 所示。

表 2-7　复合赋值运算

表　达　式	等价的 Java 代码	运行的结果
a += 3	a = a + 3	a 的结果是 13

续表

表　达　式	等价的 Java 代码	运行的结果
a -= 3	a = a − 3	a 的结果是 7
a *= 3	a = a * 3	a 的结果是 30
a /= 3	a = a / 3	a 的结果是 3
a %= 3	a = a % 3	a 的结果是 1

2.9　类　型　转　换

前面已经讲过，不同的数据类型占用的内存空间是不一样的，但是经常会遇到在同一个表达式中各种相互兼容数据共同运算的情况。比如，3+3.5，就是 int 类型与 double 类型出现在同一个表达式中运算，运算结果是 6.5，即 double 类型。

【例 4】过去小美的体重是 60.5 kg，经过两个月的努力终于减掉了 5 kg，小美现在的体重是多少？

程序如下：

```java
public class Chapter2{
    public static void main(String[] args){
        //定义小美的体重
        double weight=60.5;
        int dec=5;
        double result=weight-dec;
        System.out.println(result);
    }
}
```

在上面示例中，double 与 int 数据在同一个表达式中计算，语法是正确的，但计算机中不同类型的数据，所占用的内存空间有所不同，那么不同类型的数据之间是如何共同运算的呢？在本示例中，运算前系统会把 int 类型的数据自动转换为 double 类型的数据然后再进行计算。这就是 Java 在运算过程中的数据类型转换。在程序设计和运行过程中，数据类型转换主要有以下 2 种形式：

（1）自动类型转换。

（2）强制类型转换。

2.9.1　自动类型转换

在 Java 的数据类型中，按照分配内存空间从小到大的顺序是 byte、char、short、int（float）、long、double。图 2-3 中，靠右边的类型比靠在左边的类型的级别高。

图 2-3　数据类型的内存大小级别

在同一个表达式中，当不同类型的操作数进行运算时，在图 2-3 中靠左边的类型的数据类型自动提升为靠右边类型的数据类型（因为靠右边的数据类型分配的内存空间可以包含它左边的数据类型）。因此，表达式运算结果的数据类型应与操作数中最靠右边的数据类型一致。

具体的运算规律如表 2-8 所示。

表 2-8　数据类型自动转换

运　　算	运算结果的数据类型
double 与任意类型运算	double 类型
long 与 int、short、char、byte 运算	long 类型
int 与 short、char、byte 运算	int 类型
short 与 char、byte 运算	short 类型
char 与 byte 运算	char 类型
float 与 int、short、char、byte 运算	float 类型
float 与 long 运算	float 类型

boolean 类型的数据不能参与数据类型转换，自动类型转换需要满足以下条件：

（1）数据类型要兼容。byte、char、short、int、long、float、double 这几种基本类型可以相互兼容。

（2）目标类型级别在源类型右边。

例如，把图 2-4 中的每个杯子代表不同类型能够容纳的数据，那么小杯子中的数据能够很顺利地放入大杯子中。

反过来，能顺利地把大杯子中的内容放入小杯子吗？只能说有可能，比如大杯子里面有一点点水，小杯子也可以放得下；如果大杯子里面的水很多，强制倒入小杯子中，就会有一部分内容丢失。

数据类型的自动转换也是一样的道理，低级别的数据类型可以轻松地自动转换为高级别的类型，相反就需要强制数据类型转换。在强制数据类型转换中可能会出现类型转换后值改变的情况。

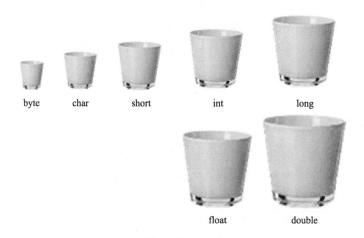

图 2-4　各种数据类型容纳数据示例图别

2.9.2　强制数据类型转换

计算机是为人类服务的，在现实业务逻辑中，有很多情况下运算的结果的数据类型与具体的业务逻辑不符。比如，一个月有一个项目的工作量是 20 万行代码，如果每人每天完成 90 行代码，150 天完成工作，理论上该项目需要多少人？计算结果是：200000÷90÷150，结果是一个小数（double 类型），但是现实中只可能出现整数个人（int 类型），这时就需要把运算结果从 double 类型转换为 int 类型，就需要强制转换。

【例 5】公司市场部门今年开发客户的数量是 42 家，计划明年开发的客户数量比今年提升 15%，请问明年开发多少家客户才能完成市场指标？

分析：明年需要开发的客户数量=今年数量 42 ×（1+15%）= 48.3。结果是一个小数，现实中不可能出现这样的情况，因此结果需要把 double 类型（48.3）转换为整型（48）。

程序如下：

```java
public class Chapter2{
    public static void main(String[] args){
        int this year=42;
        double rise=0.15;
        double nextYear=thisYear*(1+rise);
        int result=( int ) nextYear;
        System.out.println(result);
    }
}
```

第 6 行程序把 double 类型的值强制转换为 int 类型。

在上面的示例中用到了 Java 中的数据类型强制转换，格式是：（目标类型）表达式。

提示：

（1）和自动数据类型一样，转换的源数据类型和目标数据类型要兼容。

（2）float 类型和 double 类型强制转换为整型时，结果不是四舍五入，而是直接将小数位舍去。

（3）高级别数据类型强制转换为低级别的数据类型时，数据可能会溢出或者精确度下降。

数据强制类型转换中的数据丢失示例：

```java
public class Chapter2 {
    public static void main(String[] args) {
        double nextYear=9E11;
        int result=(int)nextYear;
        System.out.println(result);
    }
}
```

第 3 行程序中的 9E11 在 Java 程序中叫作科学计数法表示的浮点数，9E11 表示 9×10^{11}。

第 5 行程序输出的结果是：2147483647，而不是 9×10^{11} 因为 int 类型的最大表示值是 2 147 483 647。

数据类型的自动转换和强制数据类型转换除了针对数字类型等基本类型之外，还会有其他的数据类型之间的转换，以后的学习中将会接触到。下面先学习一下与字符串相关的数据类型转换问题。

两个字符串之间连接到一起用运算符加号。比如：

`"Hello " + "Jerry"`	结果是：`Hello Jerry`
`"项目结束时是星期" + 1`	结果是：项目结束时是星期一
`"3+4="+3+4`	结果是：`3+4=34`
`3+4+"=3+4"`	结果是：`7=3+4`
`"小美的身高是"+1.62+"米"`	结果是：小美的身高是 `1.62` 米

字符串与任何其他类型的数据用加号连接时，其他类型的数据都会先自动转换为字符串类型，然后两个字符串再连接。

字符串连接时，加号的运算优先级不改变，仍然是从左到右计算，因此 3 + 4 + " = 3 + 4"得结果是"7 = 3 + 4"，而"3 + 4 = " + 3 + 4 的结果是"3 + 4 = 34"。

2.10　运算符优先级

目前已经学习了赋值运算符、算术运算符、关系运算符和逻辑运算符，不同的运算符具有不同的优先级。下面列出了 Java 中所有运算符的优先级，如表 2-9 所示。

表 2-9　运算符的优先级

优　先　级	运　算　符
1	() []
2	! +(正号) -(负号) ~ ++ --
3	* / %
4	+(加号) -(减号)
5	<< >> >>>
6	< <= > >= instanceof
7	== !=
8	&
9	^
10	|
11	&&
12	||
13	?:（三元表达式）
14	= += -= *= /= %= &= |= ^= ~= <<= >>= >>>=

> 提示：如果记不清这些规则，最简单的方法就是在复杂的表达式中使用小括号分割表达式，这样也能使代码更容易被理解。

第**3**章

Java 语言程序结构

Java 语言和其他程序设计语言一样，也具有基本的程序结构。如果有 C 语言的基础，学习本章就较为轻松。如果从零开始，建议认真学习程序结构，为后续的编程打下良好的基础。

3.1 程序结构概述

计算机程序总是由若干条语句组成，从运行方式上看，从第一条语句到最后一条语句完全按顺序运行，是简单的顺序结构；若在程序运行过程中，根据用户的输入或中间结果去运行若干不同的任务则为选择结构；如果在程序的某处，需要根据某项条件重复地运行某项任务若干次就构成循环结构。大多数情况下，程序都不会是简单的顺序结构，而是顺序、分支、循环 3 种结构的组合。

3.1.1 顺序结构

顺序结构用于表示解决按照时间顺序进行的操作。比如，"将大象放入冰箱总共分三步：（1）打开冰箱；（2）将大象放入冰箱；（3）关上冰箱"，如图 3-1 所示。这种运行步骤就是一个顺序结构，在顺序结构中每个步骤必须依次运行，而且每个步骤只能运行一次。

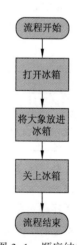

图 3-1　顺序结构流程图

3.1.2 分支结构

分支结构（也称选择结构）用于表示解决问题时在同一个步骤有多种解决方式时的运行结构，类似于"如果今天下雨我就坐车回家，否则我就走路回家"，这种问题都可以使用分支结构解决，如图 3-2 所示。

3.1.3 循环结构

循环结构用于表示需要反复运行某些步骤才可以解决问题的顺序。类似于"每天吃三次药，直到病好为止"这样的问题就可以使用循环流程来解决，如图 3-3 所示。循环结构在通常情况下

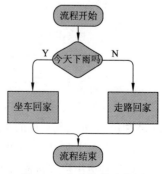

图 3-2　分支结构流程图

要有结束循环的条件，否则就称为"死循环"。

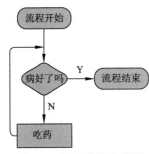

图 3-3　循环结构流程图

3.2　Java 分支结构

Java 中使用 if 语句和 switch 语句实现分支结构。这两种语句可以单独使用，也可以组合使用。下面分别介绍这两种语句的语法结构。

3.2.1　if 语句

if 语句是最普遍的条件分支语句，每一种编程语言都有一种或者多种形式的分支语句。

第一种应用的格式如表 3-1 所示。

表 3-1　if 语法格式 1

伪　代　码	if　语　法

如果　（判断条件 成立）
那么 运行代码 A
	if(条件表达式 成立){
	　　运行代码 A
	}

其中，条件表达式可以是任何一种逻辑表达式，如果条件语句的返回结果为 true，则先运行后面一对大括号({})中的运行语句，然后再顺序运行后面的其他程序代码；如果返回结果为 false，则程序跳过条件语句后面大括号对({})中的运行语句，直接运行后面的其他程序代码。大括号的作用就是将多条语句组合成一个复合语句，作为一个整体来处理。如果大括号中只有一条语句，则可以省略这对大括号（{}）。例如：

```java
public class Chapter03_01 {
    public static void main(String[] args){
        int x=100;
        if(x==100)
        System.out.println("x 的值是 100");
    }
}
```

上面代码首先定义一个 int 类型的变量 x，并初始化为 100，然后运行表达式"x==100"，其结果为 true，if 语句后面的小括号中的值为 true，后面的 System.out.println("x 的值是 100")就会运行，向控制台上输出"x 的值是 100"。

第二种应用格式如表 3-2 所示。

表 3-2 if 语法格式 2

伪 代 码	if 语 法

如果 （判断条件 成立）
 	
那么 运行代码 A
 	
否则 运行代码 B
	if(条件表达式 成立) {
	   运行代码 A
	} else {
	   运行代码 B
	}

这种格式在 if 语句后面添加了一个 else 语句，在上面单一的 if 语句基础之上，在条件表达式返回的结果为 false 时，运行 else 后面的语句。

```java
public class Chapter03_02 {
    public static void main(String[] args){
        int a=10, b=-5;
        if (a>=b) {
            System.out.println("a 大于等于b");      //会被运行
        } else {
            System.out.println("a 小于b");          //不会被运行
        }
    }
}
```

第三种应用格式如表 3-3 所示。

表 3-3 if 语法格式 3

伪 代 码	if 语 法

如果 （判断条件 1 成立）
 	
那么 运行代码 A
 	
否则 如果（判断条件 2 成立）
 	
那么 运行代码 B
 	
否则 如果（判断条件 3 成立）
 	
那么 运行代码 C
 	
…
 	
否则 如果（判断条件 n 成立）
 	
那么 运行代码 N
 	
如果上面条件都不成立
 	
那么 运行代码 N+1
	if(条件表达式 1 成立) {
	   运行代码 A
	} else if(条件表达式 2 成立){
	   运行代码 B
	} else if(条件表达式 3 成立){
	   运行代码 C
	}
	…
	else if(条件表达式 n 成立){
	   运行代码 N
	}else{
	   运行代码 N+1
	}

这种格式用 else if 进行更多的条件判断，不同的条件对应不同的运行代码。

```java
public class Chapter03_03 {
    public static void main(String[] args) {
        int a=2,b=3;
        if (a>b) {
            System.out.println("a 大于b");          //不会被运行
        } else if(a<b){
            System.out.println("a 小于b");          //会被运行
```

```
        }else{
            System.out.println("a 等于 b");          //不会被运行
        }
    }
}
```

上面介绍了 if 语句的 3 种格式，需要注意的是 if 语句中的 else 部分是可选的，也就是说它不是必需的。而条件表达式的结果必须是布尔类型的（即 true 和 false），这一点和 C、C++不一样。

3.2.2　switch 语句

switch 语句用于将一个表达式的值同许多其他值比较，并按照比较结果选择下面该运行哪些语句。

```
switch (表达式){
    case 值A :
        代码段A
        break;
    case 值B :
        代码段B
        break;
    ...
    default :
        代码段C
}
```

switch 语句将表达式的值与各个 case 子句中的值进行判断，如果相等则运行 case 子句中的代码段，直到遇到 break 子句；如果在代码段的中不写 break 子句，会继续运行后续 case 子句中的内容。如果没有一个 case 子句的值与表达式的值相等，会运行 default 子句中的代码。可以看出，case 子句类似于 else if 子句的功能，default 子句类似于 else 子句的功能。

> 提示：switch 中的条件变量只能为 byte、char、short、int 型或者枚举型，不能使用其他类型作为条件变量。

【例1】输出 0～6 所对应的星期几，0 对应星期天，1 对应星期一，依次类推。
程序如下：

```
public class Chapter03_04 {
    public static void main(String[] args){
        int week=5;
        switch (week) {
        case 0:
            System.out.println("星期天");
            break;
        case 1:
            System.out.println("星期一");
            break;
        case 2:
            System.out.println("星期二");
            break;
        case 3:
            System.out.println("星期三");
```

```
            break;
        case 4:
            System.out.println("星期四");
            break;
        case 5:
            System.out.println("星期五");
            break;
        case 6:
            System.out.println("星期六");
            break;
        default:
            System.out.println("Sorry!");
        }
    }
}
```

上面代码中，default 语句是可选的，它接受除了上面接受值以外的其他值，也就是如果没有匹配上，就会跳转到 default 语句。

> **注意**：不要混淆 case 与 else if。else if 是一旦匹配就不再运行后面的 else 语句，而 case 语句只是相当于定义了一个标签位置，switch 一旦碰到第一次 case 匹配，程序就会跳转到这个标签位置，开始顺序运行以后所有的程序代码，而不管后面的 case 条件是否匹配，后面 case 条件下的所有代码都将被运行，直到碰到 break 语句为止。所以，如果上面的代码中去掉所有的 break 语句，那么打印到控制台上的结果将会是：
>
> 星期五
> 星期六
> Sorry!
>
> Java 语法上并没有要求一定要有 break 语句，有些时候需要将 break 语句省略。

【例 2】某单位餐厅为员工提供不同的饭菜，周一、周三为家常豆腐，周二、周四为麻婆豆腐，周五为日本豆腐，周六为白油豆腐，周日为茄汁豆腐，为了防止厨师忘记菜谱，希望设计一段程序，厨师输入今天是周几，程序输出今天该做什么菜。

```java
public class Chapter03_05 {
    public static void main(String[] args) {
        java.util.Scanner scanner=new java.util.Scanner(System.in);
        int week=scanner.nextInt();
        switch (week) {
            case 0:
                System.out.println("茄汁豆腐");
                break;
            case 1:
            case 3:
                System.out.println("家常豆腐");
                break;
            case 2:
            case 4:
                System.out.println("麻婆豆腐");
                break;
            case 5:
```

```
            System.out.println("日本豆腐");
            break;
        case 6:
            System.out.println("白油豆腐");
            break;
        default:
            System.out.println("输入错误!");
        }
    }
}
```

下面将 switch 和 if...else if...else 结构做一下简单比较。它们的相同点是都可以实现多分支结构，不同点是 switch 语句只能处理等值的条件判断，并且条件是 byte、short、char、long 类型变量的等值判断。如果要判断的是在某个区间的值，只能使用 if 结构。

3.3　三元表达式

对于 if...else 语句，还有一种更简洁的写法：

变量=布尔表达式?表达式 1: 表达式 2;

如果 "?" 前面的表达式为 true，则计算问号和冒号中间的表达式 1，并把计算结果赋值给 "=" 左边的变量；如果为 false，则计算表达式 2，并把计算结果赋值给 "=" 左边的变量。

【例 3】求一个数值 x 的绝对值。

使用 if 语句完成：

```
public class Chapter03_06 {
    public static void main(String[] args){
        int x=-7;
        int result;
        if(x>=0){
            result=x;
        }else{
            result=-x;
        }
        System.out.println(x+"的绝对值是:"+result);
    }
}
```

运行上面的代码，输出的结果是：

-7 的绝对值是:7

提示：代码 System.out.println(x+"的绝对值是:"+result);中 "+" 的作用：如果 "+" 两边都是字符串（使用双引号包围的字符序列），那么 "+" 的作用就是将两边的字符串连接起来，形成一个新的字符串；如果有一边是字符串，则会将另一边先转换为字符串，然后连接在一起形成一个新的字符串。只有两边都是数值的时候，"+" 才是做加法运算。

使用三元表达式完成：

```
public class Chapter03_07 {
    public static void main(String[] args){
        int x=-7;
        int result=x>=0?x:-x;
```

```
            System.out.println(x+"的绝对值是:"+result);
        }
    }
```

3.4 Java 循环结构

循环就是某个操作的反复运行,在许多问题中都需要用到循环。利用循环,一方面可以降低问题的复杂度,降低程序设计的难度,减少程序书写的工作量;另一方面可以充分发挥计算机运算速度快,能自动运行程序的优势。

考虑下面需求:

例如:计算 1+2+3+4+5+…+10000 的结果。

```
public class Chapter03_08{
    public static void main(String[] args) {
        int i=0;
        int sum=0;
        i++;
        sum=sum+i;
        i++;
        sum=sum+i;
        i++;
        sum=sum+i;
        ……//省略了 995 次 i++;sum=sum+i 操作
        i++;
        sum=sum+i;
        i++;
        sum=sum+i;
        System.out.println("结果是: "+sum);
    }
}
```

如果用以上方法编写程序,效率会非常低,且程序员会非常辛苦。如果用循环来完成上面的工作,就变得非常简单,只需要把“i++;sum=sum+i;”循环 10000 次即可。Java 语言中提供了 while、do...while、for 三种循环语句。

3.4.1 while 循环

while 循环的语法结构如表 3-4 所示。

表 3-4　while 循环语法格式

伪　代　码	while　语　法
当 (判断条件 成立)	while (循环条件)
{	{
运行代码块	//运行代码块,称为循环体
}	}

循环是把一段程序反复运行许多次(这段程序就是循环体)。循环条件和循环体是循环的两个关键点,循环条件规定了什么条件下运行循环体,循环体是循环的操作内容。

循环条件类似于前面学习过的判断条件，都是结果为 boolean 类型的表达式。循环条件成立，则运行循环体，循环体运行结束；再判断条件，如果成立，再次运行循环体……直到循环条件不成立为止，如图 3-4 所示。如果循环条件永远成立，循环就会一直运行下去，形成死循环。为了避免程序设计中出现死循环，需要在循环体中修改循环条件的变量（称为循环变量），以便使循环条件不成立而跳出循环。while 循环的运行顺序如下：

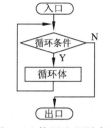

图 3-4　使用流程图表示 while 循环结构

（1）程序进入循环前，首先判断循环条件的值是否为 true。

（2）如果循环条件的值为 true，运行循环体中的内容。

（3）如果循环条件的值为 false，将跳过循环体直接运行循环体后面的其他 Java 程序。

循环体运行结束后重新返回第（1）步，判断循环条件。

【例 4】计算 1+2+3+4+5+…+10000 的结果。

```java
public class Chapter03_09{
    public static void main(String[] args){
        int i=1;
        int j=1;
        while (i<=10000){
            j+=i;
            i++;
        }
        System.out.println("结果是: "+j);
    }
}
```

第 5 行程序循环开始，while 是循环关键字，while 后面括号内的表达式是循环条件，紧接着是一对大括号，整个大括号中的内容称为循环体。

第 7 行程序中的 i 是循环变量，修改 i 的值，循环条件才有不成立的可能，从而避免死循环。

编写循环语句需要注意以下几点：

（1）循环必须有循环条件，如果循环条件为 true，运行循环体的内容，直到循环条件为 false。

（2）循环体可以是一行或者多行 Java 语句。如果循环体是唯一的一条 Java 语句，大括号语法上可以省略，但是为了程序便于阅读交流和良好的代码风格，循环体一般包含在一对大括号中。

（3）循环变量需要在循环体中重新赋值，如果在循环体中不改变循环变量的值，循环条件的值就是一个固定值，或者是 true，或者是 false，那么循环体或者不被运行，或者死循环。

【例 5】输入一个正整数 n，求 1+2+3+…+n 的值。

问题分析：使用循环前要先考虑循环条件和循环体。循环条件决定了循环的次数，因此确定循环条件时首先需要从循环的次数下手。该问题可以让一个数据从 1 累计加到 n 需要循环 n 次。程序如下：

```java
public class Chapter03_10{
    public static void main(String[] args){
        //输入一个整数
        java.util.Scanner input=new java.util.Scanner(System.in);
        int num=input.nextInt();
        //定义 sum 存放加法的结果
```

```
        int sum=0;
        //定义循环变量i
        int i=1;
        while (i<=num){
            sum=sum+i;
            i++;
        }
        System.out.println("计算的结果是: "+sum);
    }
}
```

输入：3

计算的结果是：6

> **注意：**
> （1）在程序设计中，大括号、小括号、引号一般成对出现。
> （2）为了程序容易阅读，每一个语句块都要相对有缩进。比如，上面示例中的第 4、11 行两行都对应上一行有缩进。
> （3）为了程序容易被人阅读，大括号的结尾要与大括号开始行的开头左对齐，比如上面示例中第 13 行与 while 左对齐，第 15 行与 public 左对齐。
> （4）while 表达式的括号后一定不要加 ";"，这是初学者容易犯的一个错误。程序将认为要运行一条空语句，而进入死循环，永远不会运行后面的代码，而 Java 编译器不会报错。

3.4.2 do...while 循环

do...while 语句的功能和 while 语句差不多，只不过它是在运行完第一次循环之后才检查条件表达式的值，这意味着包含在大括号中的程序段至少要被运行一次。do...while 语句的语法格式如表 3-5 所示。

表 3-5　do...while 语句的语法格式

伪 代 码	if 语 法

运行{
　运行代码
} 当（条件成立）
	do{
	　//运行循环体代码
	} while （ 循环条件 ）;

其流程图如图 3-5 所示。

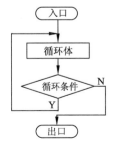

图 3-5　do...while 循环结构流程图

与 while 语句一个明显的区别是 do...while 语句的结尾处多了一个分号（;）。

【例 6】请循环输入班级的学生成绩，输入成绩为 -1 时，退出循环，找出最高成绩并输出。

```java
public class Chapter03_11{
    public static void main(String[] args){
        java.util.Scanner input=new java.util.Scanner(System.in);
        //存放最大值
        int max=-1;
        //存放输入的成绩
        int score=-1;
        //学生计数器
        int count=1;
        do {
            System.out.print("请输入第" + count + "个学生成绩: ");
            score=input.nextInt();
            count++;
            if (max<score){
                max=score;
            }
        } while (score!=-1);
    }
}
```

while 循环和 do...while 循环区别如表 3-6 所示。

表 3-6　while 循环与 do...while 循环的区别

比 较 内 容	while 循 环	do...while 循环
运行顺序	先判断循环条件，再运行循环体	先运行循环体，再判断循环条件
最少运行次数	0 次	1 次

3.4.3　for 循环

for 循环的基本语法结构如下：

```
for (表达式1; 表达式2; 表达式3) {
    //循环体
}
```

其中，表达式 1 是循环结构的初始化部分，通常用于定义循环变量并赋初始值，如 int i = 0;表达式 2 是循环条件，必须返回 boolean 类型的值;表达式 3 是循环结构的迭代部分，通常用于修改循环变量的值，如 i++。表达式之间使用分号进行分割，大括号中是循环体。for 循环结构流程图如图 3-6 所示。

for 循环结构的运行顺序如下：

（1）运行初始化部分。

（2）进行循环条件判断。

（3）根据循环条件判断结果，决定是否

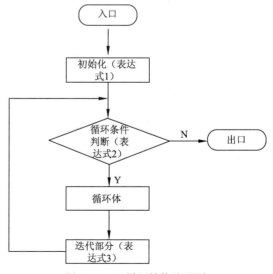

图 3-6　for 循环结构流程图

运行循环体。

（4）运行迭代部分，改变循环变量的值。

重复（2）、（3）、（4）步，直至循环条件不成立。

【例 7】小美期末考试考了 5 门课，要求依次输入 5 门课的成绩，并计算出平均成绩。

```java
public class Chapter03_12{
    public static void main(String[] args){
        float sum=0;                             //总成绩
        float avg=0;                             //平均成绩
        java.util.Scanner scanner=new java.util.Scanner(System.in);
        //循环 5 次输入成绩
        for(int i=0; i<5; i++) {
            System.out.print("请输入小美的第" + (i+1) +"门考试成绩: ");
            float score=scanner.nextFloat();    //获得当前这门课的成绩
            sum=sum+score;                       //将当前成绩加到总成绩中
        }
        avg=sum/5;                               //计算平均成绩
        System.out.println("小美的五门课的总成绩为: " +sum);
        System.out.println("平均成绩为: "+avg);
    }
}
```

第 7 行代码的 for 循环结构中，int i = 0 是循环的初始部分，i < 5 是循环条件。如果条件为 true 则运行一次循环体；如果条件为 false，则退出循环。循环运行结束后，运行循环结构的迭代部分即 i++部分，运行完迭代部分再运行循环条件判断部分，如果条件成立再进行一次循环体的运行，直到循环条件不成立为止。

for 循环后面的小括号中有两个";"，这两个";"将小括号中的内容分割成了三部分，这三部分中的每个部分都是可以省略的，所以以基本格式为基础，可以变换成如表 3-7 所示的几种形式。

表 3-7　for 循环的另外几种形式

其他 for 循环形式	解　析	解 决 方 法

for(;i<10;i++){
　　System.out.println(i);
}
	代码是错误的，缺少了循环的初始化部分	补全初始化部分或将初始化部分放到循环运行之前。
		int i = 0;　　//初始化
		for(;i<10;i++){
		　　System.out.println(i);
		}

for(int i = 0;;i++){
　　System.out.println(i);
}
	该循环是一个死循环，因为在循环中没有任何语句来判断条件是否成立，省略了条件判断，循环会永不停止的运行下去	将条件判断部分补全或在循环体内部结束循环，下一节中学习的 break 语句将会导致循环的结束

for(;;){
　　System.out.println("循环运行了!");
}
	该循环同样是一个死循环，省略了 for 循环的 3 个表达式，在语法上是正确的，但在逻辑是错误的	将各个部分补齐

3.5　循　环　控　制

在使用循环语句时，只有循环条件表达式的值为假时才能结束循环。如果想提前中断循环，只需要在循环语句块中添加 break 语句。也可以在循环语句块中添加 continue 语句，跳过本次循环要运行的剩余语句，然后开始运行下一次循环。

3.5.1　break 语句

break 语句可以中止循环体中的运行语句和 switch 语句。如果在循环中运行了 break 语句，就会立刻退出当前循环，继续运行后续的程序。

【例 8】使用循环找到 10～20 之间第一个可以被 3 整除的数。

```java
public class Chapter03_13{
    public static void main(String[] args){
        int num=0;
            for (int i=10; i<=20; i++){
                if (i%3==0) {
                num=i;
                break;
                }
            }
        System.out.print("10～20 之间第一个可以被 3 整除的数字是: " + num);
    }
}
```

第 5 行程序中当 i 的值符合条件表达式时，if 块中的代码被运行，当程序运行到 break 处时会结束循环。循环结束后会运行循环后的代码，也就是第 10 行处的代码被运行。

3.5.2　continue 语句

Continue 语句只能出现在循环语句中，其作用是跳过当前循环的剩余语句块，接着运行下一次循环。

【例 9】输出 1～5 之间除了 3 以外的数。

```java
public class Chapter03_14{
    public static void main(String[] args){
        for (int i=1; i<=5; i++) {
            if (i==3){
                continue;
            }
            System.out.println(i);
        }
    }
}
```

在上面的 for 循环代码中，如果 i 的值为 3，程序则会跳过本次循环，进行下次循环。

3.6　分支与循环的嵌套

分支结构之间可以相互嵌套，分支也可以与循环嵌套，循环结构之间可以相互嵌套，循环也可以与分支结构嵌套。

3.6.1　分支结构嵌套

【例 10】从键盘输入年与月，判断该年有多少天。

分析：每年的 1、3、5、7、8、10、12 月有 31 天，4、6、9、10 月有 30 天，而 2 月有多少天需要判断 2 月所在的年是闰年还是平年，闰年 2 月有 29 天，平年 2 月有 28 天。判断闰年的规则是：能被 4 整除并且不能被 100 整除，或者能被 400 整除。

```java
public class Chapter03_15 {
    public static void main(String[] args) {
        java.util.Scanner input=new java.util.Scanner(System.in);
        System.out.print("请输入年份(4 位整数):");
        int year=input.nextInt();
        System.out.print("请输入月份(1~12):");
        int month=input.nextInt();
        int days;                        //用于保存天数
        switch (month) {
        case 1:
        case 3:
        case 5:
        case 7:
        case 8:
        case 10:
        case 12:
            days=31;
            break;
        case 2:
            //判断闰年还是平年
            if((year%4==0 && year%100!=0)||(year%400==0)){
                days=29;
            }else{
                days=28;
            }
                break;
        default:
            days=30;
        }
        System.out.println(year+"年"+month+"月有"+days+"天!");
    }
}
```

3.6.2　循环结构嵌套

如果将一个循环放到另一个循环内则会形成嵌套循环。循环可以无限制的嵌套，嵌套的循环既可以是 for 循环间的嵌套，也可以是 for 和 while、do...while 循环的嵌套，while 和 do...while 循环的嵌套。

嵌套循环在运行的过程中，先运行内层循环，内层循环完成后再运行外层循环，当内层循环和外层循环都运行结束的时候，循环结束。

【例 11】打印以下矩形图形（5 行 5 列）。

```
* * * * *
* * * * *
* * * * *
* * * * *
* * * * *
```

分析：循环打印 "*"，每次循环打印一个 "*"，循环的次数为 5 次，这样使用一个循环可以打印一行的 "*"，而这种循环需要反复运行 5 次才能打印出具有 5 行 5 列的矩形，也就是循环的嵌套。内层循环控制列，内层循环运行完毕之后，需要打印一个换行，而外层循环控制需要打印多少行。

```java
public class Chapter03_16{
    public static void main(String[] args){
        for(int i=0;i<5;i++){
            for(int j=0;j<5;j++){
                System.out.print('*');
            }
            System.out.println();            //换行
        }
    }
}
```

【例 12】嵌套循环打印直角三角形。

```
*
* *
* * *
* * * *
* * * * *
```

分析：只需要在例 11 的基础之上稍做修改即可。外层循环的次数还是 5 次，而内层循环的次数在发生变化，第一行为 1 次，而第二行为 2 次，后面每行依次增加。

```java
public class Chapter03_17 {
    public static void main(String[] args){
        for(int i=0;i<5;i++){
            for(int j=0;j<=i;j++){
                System.out.print('*');
            }
            System.out.println();            //换行
        }
    }
}
```

第**4**章

数　　组

数组是相同类型的数据按照顺序组成的一种复合型数据类型。通过数组名加下标来使用数据。通过学习本章，将会从简单的基本数据类型过渡到复合数据类型，掌握数组的语法和用途。

4.1　数组的定义

前面学习了 Java 的各种基本数据类型，每当需要存储一个数值时都需要声明一个变量。当遇到一系列相同数据类型的值（如存放全校一千个学生的英语成绩）时，人们肯定不希望定义一千个变量来存储，这时可以使用数组。

数组属于引用类型的变量，一系列数据类型相同的值可以存放在数组中。数组中的一个值称为数组元素。因为数组中可以包含多个数组元素，如果要使用某个数组元素，需要使用数组下标。数组下标标明了数组元素在数组中的位置。在一个数组中，数组下标从 0 开始累加。

如图 4-1 所示，数组与基本型变量最大的不同在于数组会使用一系列连续的内存存放数据（所占内存大小取决于数组的长度），通过数组下标确定数组中某一个元素的位置。

从结构形式上分，数组可以分为一维数组和多维数组。

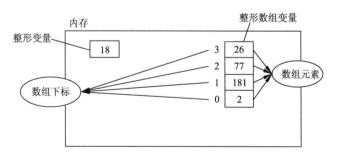

图 4-1　内存中整型变量和整型数组变量

4.2　一　维　数　组

一维数组是由一组相同数据类型的元素组成的一个序列。数组也是一种数据类型，要构造一维数组，需要声明、初始化，然后才能使用。

4.2.1 一维数组声明

Java 语言中数组的声明支持两种语法格式：

数据类型[] 数组名，即 `type[] arrayName`

数据类型 数组名[]，即 `type arrayName[]`

对于这两种语法格式，推荐使用第一种格式。因为第一种格式不仅具有更好的语意，也具有更好的可读性。对于 type[] arrayName 这种方式，可以这样来理解：

arrayName 是变量名，而变量类型是 type[]，[]表示是数组类型，而数组中每个元素的类型就是 type。

例如：

```
int[] myArray;
```

这里声明了一个名称为 myArray 的数组，数组中元素的类型为 int 类型。数组是一种引用类型的变量，因此使用它声明一个变量时，仅仅表示声明了一个引用变量，这个引用变量还没有指向任何有效的内存，因此声明数组时不能指定数组的长度。而且由于声明数组仅仅是定义了一个引用变量，并没有指向任何有效的内存空间，所以还没有内存空间来存储数组元素，因此这个数组也不能使用，需要对数组进行初始化之后，才能使用。

第二种格式 type arrayName[] 的可读性比较差，看起来好像定义了一个类型为 type 的变量，而变量的名字是 arrayName[]，这与真实的含义相差甚远。这种方式沿用了 C 语言数组声明的习惯，建议不要再使用这种可读性差的方式。不管是哪种方式，声明数组时都不能指定它的长度。

以下关于数组的声明都是正确的：

```
int[] nums;
String[] names;
double scores[];
```

> 提示：声明数组时一定不要忘记[]，否则就是一个普通变量声明。

4.2.2 一维数组的初始化

Java 语言中数组必须先初始化，然后才能使用。所谓初始化，就是为数组的元素分配内存空间，并为每个数组元素赋初始值。

数组的初始化有两种方式：

（1）静态初始化：初始化时由程序员显式地指定每个数组元素的初始值，由系统决定需要的数组长度。

（2）动态初始化：初始化时程序员只需要指定数组长度，由系统为数组元素分配初始值。

1．静态初始化

静态初始化数组的语法格式：

```
arrayName=new type[]{element1,element2,element3…};
```

其中，arrayName 为声明的数组名称，type 为数组元素的数据类型。这里的 type 必须与声明数组变量时所使用的 type 相同，花括号中的是元素的值，中间使用英文逗号（,）隔开，定义初始化的花括号紧跟在[]之后。

数组初始化示例：

```
public class Chapter04_01 {
    public static void main(String[] args) {
```

```
        //声明数组，数组名为myArray,元素为 int 类型
        int[] myArray;
        //静态初始化，只给定元素的值，不需要指定长度
        myArray=new int[]{4,20,8};                    //数组长度为 3
        //声明的同时进行静态初始化
        String[] strs=new String[]{"java","C#","c++"};
    }
}
```

数组变量 myArray、strs 的内存分配如图 4-2 所示。

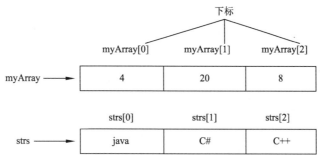

图 4-2　数组内存分配

上面声明了两个数组 myArray 和 strs，myArray 中的元素是 int 类型的，使用静态初始化的方式进行初始化；strs 中的元素是 String 类型的，声明的同时进行了静态初始化。

声明的同时进行静态初始化还有一种简写的形式：

```
type[] arrayName={element1,element2,element3,…};
```

所以下面的代码

```
String[] strs=new String[]{"java","c#","c++"};
```

与之等效的代码是

```
String[] strs={"java","c#","c++"};
```

> **注意：** 只有声明和静态初始化同时完成时，才能省略 new type[]。观察以下代码：
> ```
> String[] strs;
> strs={"java","c#","c++"};                    //错误
> strs=new String[]{"java","c#","c++"} ;        //正确
> strs=new String[3]{"java","c#","c++"};        //错误，元素的个数由花括号中元素的
>                                               //个数决定，不能指定长度
> ```

2．动态初始化

动态初始化只指定数组的长度，由系统为每个数组元素指定其初始值，动态初始化语法格式如下：

```
arrayName=new type[length];
```

其中，length 表示数组的长度，这个长度决定了数组元素的个数。与静态初始化相似，此处的 type 必须与定义数组时使用的 type 类型相同。

```
public class Chapter04_02 {
    public static void main(String[] args){
        //声明数组
        int[] score;
```

```
        //动态初始化,数组长度为 5, 每个元素的值都为 0
        score=new int[5];
        //声明数组与动态初始化同时完成,数组长度为 5, 每个元素的值都是 null
        String[] title=new String[5];
    }
}
```

数组变量 score、title 的内存分配如图 4-3 所示。

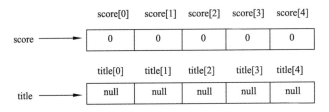

图 4-3　数组内存分配

运行动态初始化时,程序员只需要指定数组的长度,即为每个数组元素指定所需的内存空间,系统将负责为这些数组元素分配初始值。系统按照以下规则分配初始值:

（1）若数组元素的类型是基本数据类型中的 byte、short、int、long 类型,则数组元素的值是 0。

（2）若数组元素的类型是基本数据类型中的 float、double 类型,则数组元素的值是 0.0。

（3）若数组元素的类型是基本数据类型中的 char 类型,则数组元素的值是'\u0000'。

（4）若数组元素的类型是基本数据类型中的 boolean 类型,则数组元素的值是 false。

（5）数组元素的类型是引用类型（类、接口和数组）,则数组元素的值是 null。

数组初始化完成之后,就可以使用数组,包括为数组元素赋值、访问数组元素值和获取数组长度等。

3. 重新分配数组存储空间

数组的内存空间分配成功后,如果改变其长度,在内存中会将原来的数组销毁,再建立新的数组。例如:

```
public class Chapter04_03 {
    public static void main(String[] args){
        //声明数组
        int[] nums;
        //动态初始化,数组长度为 5, 每个元素的值都为 0
        nums=new int[5];
        //重新分配内存空间,nums 的指向发生变化
        nums=new int[3];
    }
}
```

第 6 行中的数组 nums 指向一片连续的内存空间,这篇连续的内存空间中存放 5 个整型的数据,由于是动态初始化,所以初始值全部都是 0。

第 8 行中使用 new 操作符在内存中重新申请了一片连续的内存空间,存放 3 个整型的数据,此时 nums 原来指向的长度为 5 的内存空间变更为指向长度为 3 的内存空间,长度为 5 的内存空间没有任何引用指向它,从而成为了系统中的垃圾,等待垃圾回收器将其内存回收。重新分配数组存储空间示意图如图 4-4 所示。

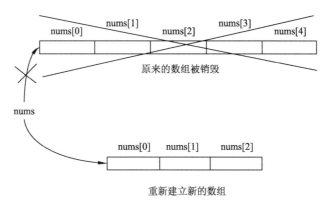

图 4-4　重新分配数组存储空间示意图

4.2.3　使用数组

数组最常用的用法就是访问数组元素，包括对数组元素进行赋值和访问数组元素的值。访问数组元素都是通过在数组引用变量后面紧跟一个方括号（[]）,方括号里是数组元素的索引值，这样就可以访问数组元素。访问到数组元素后，就可以把一个数组元素当成一个普通变量来使用，包括为该变量赋值和取出该变量的值。这个变量的类型就是定义数组时使用的类型。

Java 语言的数组索引是从 0 开始的，第一个数组元素的索引值为 0，最后一个数组元素的索引为数组长度减 1。

下面的代码首先为数组中的元素赋值，然后使用循环输出数组中的每个元素值。

```java
public class Chapter04_04 {
    public static void main(String[] args){
        int[] score;
        score=new int[3];
        score[0]=100;
        score[1]=200;
        score[2]=300;
        for(int i=0;i<3;i++){
            System.out.println(score[i]);
        }
    }
}
```

如果访问数组元素时指定的索引小于 0，或者大于等于数组的长度，编译程序不会出现任何错误，但运行时会出现异常：java.lang.ArrayIndexOutOfBoundsException，这种异常就是数组索引越界异常。例如：

```java
public class Chapter04_05 {
    public static void main(String[] args) {
        int[] score={100,200,300};
        score[3]=500;          //出现越界错误
        System.out.println(score[3]);
    }
}
```

运行这段代码，程序就会出现以下异常：

```
Exception in thread "main" java.lang.ArrayIndexOutOfBoundsException: 3
    at Chapter04_05.main(Chapter04_05.java:4)
```

所有数组都提供了一个 length 属性，通过这个属性可以访问到数组的长度。一旦获得了数组的长度，就可以通过循环来遍历该数组的每个数组元素。获取数组长度的语法为：

```
数组变量名.length
```

遍历数组中的元素示例：

```
public class Chapter04_06 {
    public static void main(String[] args) {
        int[] score=new int[5];
        for(int i=0;i<score.length;i++){
            System.out.println(score[i]);
        }
    }
}
```

这段代码运行后，将输出 5 个 0，因为数组元素是 int 类型的，又用的是动态初始化，所以数组中每个元素的值默认为 0。

4.3 多 维 数 组

在 Java 中并没有真正的多维数组，只有数组的数组。一维数组的声明方式为 type[] arrayName，其中 type 是数组元素的类型。如果一维数组中的每一个元素的类型不是单独的数据，而是一个数组，比如 int[] myArray 是一个一维数组，数组的每一个元素是 int 类型的，[]前面的 int 就是数组元素的类型，如果将 int 换成 int[],也就是 int[][] myArray,那么 myArray 数组中的每个元素都指向一个 int 类型的数组。如果将 int 这个类型扩大到 Java 中所有的类型，则出现了声明二维数组的语法：

```
type[][] arrayName;
```

Java 语言采用上面的语法格式来定义二维数组，但它的实质还是一个一维数组，只是其数组元素也是引用，数组元素里保存的是指向一维数组的一个引用。

4.3.1 二维数组初始化

既然二维数组实质上是一个一维数组，那么如下的声明：

```
int[][] myArray;
```

首先 myArray 被声明为一个数组，数组的元素是另外一个数组的引用，也就是说 myArray 中每个元素存储的都是另外一个数组的引用，被指向的数组中的元素是 int 类型的。

Java 中对于多维数组的初始化应该从高维到低维，例如：

```
public class Chapter04_07 {
    public static void main(String[] args) {
        int[][] myArray;
        myArray=new int[3][];
        for(int i=0;i<myArray.length;i++){
            System.out.println(myArray[i]);
        }
    }
}
```

第4行代码中的第一个[]表示一维，第二个[]表示二维，这段代码表示为myArray分配了3个存储空间，第6行输出的是null。二维数组内存分配如图4-5所示。

图4-5中myArray后面方框中的"..."表示指向连续空间（数组）的内存首地址。

为什么第6行输出的是null呢？把myArray看成是一维数组，new int[3][]实际上为myArray分配了3个存储空间，而每个存储空间中存储的是数组的引用，前面讲过对于引用数据类型，会自动初始化为null，而数组就是一种引用类型。既然每个元素都是一个数组的引用，这就需要给数组分配存储空间。看如下代码：

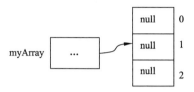

图4-5　二维数组内存分配（一）

```java
public class Chapter04_08 {
    public static void main(String[] args) {
        int[][] myArray;
        myArray=new int[3][];
        myArray[0]=new int[2];          //指向有2个元素的一维数组
        myArray[1]=new int[3];          //指向有3个元素的一维数组
        myArray[2]=new int[4];          //指向有4个元素的一维数组
        for(int i=0;i<myArray[2].length;i++){
            System.out.println(myArray[2][i]);//输出0
        }
    }
}
```

其中myArray中的每个元素都指向一个数组，myArray[0]、myArray[1]、myArray[2]分别指向长度为2、3、4的数组，现在的内存图如图4-6所示。

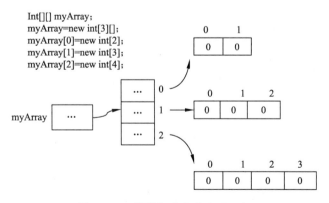

图4-6　二维数组内存分配（二）

上面的myArray中每个元素指向的数组长度都不一样，如果要求指向的数组元素个数相同，可以采用以下方式：

```java
public class Chapter04_09 {
    public static void main(String[] args){
        int[][] myArray;
        myArray=new int[3][];
        myArray[0]=new int[3];
        myArray[1]=new int[3];
```

```
        myArray[2]=new int[3];
        for(int i=0;i<myArray[2].length;i++){
            System.out.println(myArray[2][i]);
        }
    }
}
```

上面代码显然显得有些啰唆，可以采用下面的代码来替代：

```
public class Chapter04_10 {
    public static void main(String[] args) {
        int[][] myArray;
        myArray=new int[3][3];
        for(int i=0;i<myArray[2].length;i++){
            System.out.println(myArray[2][i]);
        }
    }
}
```

第 4 行确定一维为 3 个元素，二维也为 3 个元素。二维数组内存分配如图 4-7 所示。

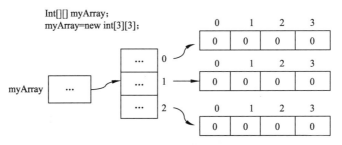

图 4-7　二维数组内存分配（三）

一维数组可以进行静态初始化，二维数组与一维数组本质上是一样的，所以二维数组一样可以进行静态初始化。例如：

```
public class Chapter04_11 {
    public static void main(String[] args){
        int[][] myArray;
        myArray=new int[][]{{1,2,3},{10},{100,200}};
    }
}
```

内存分配情况如图 4-8 所示。

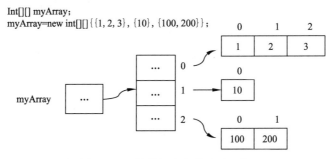

图 4-8　二维数组内存分配（四）

当然，也可以在声明的时候直接进行静态初始化：

```
int[][] myArray=new int[][]{{1,2,3},{10},{100,200}};
```

这种方式可以简写为：

```
int[][] myArray={{1,2,3},{10},{100,200}};
```

4.3.2 关于多维数组

通过上面的讲解，可以得到一个结论：二维数组是一维数组，其数组元素是一维数组；三维数组也是一维数组，其数组元素是二维数组；四维数组还是一维数组，其数组元素是三维数组……从这个角度看，Java 语言中没有多维数组。

4.4 数 组 应 用

4.4.1 获取数组中所有元素的最大值

【例 1】输入 4 个学生的身高，求出 4 个值中的最大值，如图 4-9 所示。

| 小美 | 小聪 | 小莉 | 小黑 |

图 4-9 谁最高

问题分析：首先假设小美的身高最高，记录小美的高度，然后将此值与小聪的身高进行比较，如果大于小聪的身高，那么此值依然是最大值，继续和小莉、小黑比较；如果小于小聪的身高，那么将此值替换为小聪的身高，将此值继续和小莉、小黑比较。依次类推，当与所有的人比较完毕后，这个值记录的就是身高的最大值。这个描述使用伪代码描述如下：

```
max=小美;
if(小聪>max)
    max=小聪;
if(小莉>max)
    max=小莉;
if(小黑>max)
    max=小黑;
```

变量 max 中存储的就是最高的同学的身高，但是上面的代码有明显的缺陷：如果参与比较的人增加，也会增加对应的 if 语句。如果使用数组记录每一个人的身高，再配合使用循环结构则可以简化代码。使用数组与循环结构后，首先让变量 max 等于数组中第一位元素的值，然后通过循环从数组的第二位开始依次和每一个数组元素进行比较，如果 max 小于当前的数组元素，max 的值为当前的数组元素的值，否则就保持原来 max 的值。当循环结束后，变量 max 的值即为数组的最大值。

程序如下:

```java
public class Chapter04_12 {
    public static void main(String[] args) {
        java.util.Scanner input=new java.util.Scanner(System.in);
        int[] height=new int[4];            //声明一个数组存储四位同学身高
        int max;                            //存储最大身高值
        //接受键盘输入的四位同学身高
        System.out.println("请输入四位同学的身高: ");
        for (int i=0; i<height.length; i++){
            height[i]=input.nextInt();
        }
        max=height[0];                      //对身高进行比较
        for (int i=1; i<height.length; i++){
            if(height[i]>max){
                max=height[i];
            }
        }
        System.out.println("四位同学最高的身高为: " + max);
    }
}
```

4.4.2　对数组进行从大到小排序

开发过程中经常会遇到排序的问题, 比如将成绩从高到低排序, 将搜索结果按时间先后排序, 等等。解决这些排序问题的方法经过开发人员多年的总结形成了各种各样的算法, 下面使用经典的冒泡排序算法将五位同学的身高从低到高进行排序, 如图 4-10 所示。

小聪　　　小美　　　小黑　　　小莉　　　小薇

图 4-10　按身高排序

冒泡排序的基本原理: 每一次将最小或最大的数放到队列的最后面。例如, 如果需要将 n 个数以从小到大的顺序排列, 那么在每一次循环中, 都将最大的一个数找出来并放在最后面, 经过 $n-1$ 次循环以后, 队列就从小到大有序了。以图 4-10 的第一轮排序为例, 同学间进行两两比较, 个子比较高的排在后面, 经过 4 次这样的比较后, 第一轮排出小黑同学在最后, 说明小黑的身高是最高的, 小黑将不参与后面轮次的排序。冒泡排序过程如图 4-11 所示。

图 4-11 冒泡排序

【**例2**】使用冒泡排序。

```java
public class Chapter04_13{
    public static void main(String[] args){
        java.util.Scanner input=new java.util.Scanner(System.in);
        int[] height=new int[5];                      //存储 5 个同学的身高
        //循环输入五位同学身高
        for (int i=0; i<height.length; i++){
            System.out.println("请输入第" + (i + 1) + "位同学的身高: ");
            height[i]=input.nextInt();
        }
        int temp;                                     // 定义临时变量
        // 进行冒泡排序
        for (int i=0; i<height.length-1; i++){        // 控制比较多少轮
            // 控制每轮比较多少次
            for (int j=0; j<height.length-1-i;j++) {
                if (height[j]>height[j + 1]){
                    // 进行两数交换
                    temp=height[j];
                    height[j]=height[j+1];
                    height[j+1]=temp;
                }
            }
        }
        // 将排序后结果进行输出
        System.out.println("从低到高排序后的输出: ");
        for (int i=0; i<height.length; i++){
            System.out.println(height[i]);
        }
    }
}
```

从冒泡排序的原理中可以知道，如果有 n 个数，需要进行排序的轮数为 $n-1$ 次，在第 12 行代码中就是数组的长度-1。

从图 4-11 中可以看出排序 5 个数字需要 4 轮，第一轮比较了 4 次，第二轮比较了 3 次，第三轮比较了 2 次，第四轮比较了 1 次，从这个规律来看每轮比较的次数就是 $n-i-1$。

第 **5** 章

字 符 串

Java 使用 java.lang 包中的 String 类来创建一个字符串变量，因此字符串变量是一个对象。学好本章可对字符串处理打下良好的基础。

5.1 字符串概述

在之前的章节已经多次使用了字符串，如 System.out.println("这是我的第一个 Java 程序")中，"Hello，这是我的第一个 Java 程序"就是字符串常量。字符串就是一连串的字符序列。Java 提供了String 类(java.lang.String)来表示字符串。

String 类型与前面学习的 8 种基本数据类型(byte、short、int、long、char、float、double、boolean)不同，String 是构造出来的类型，也就是自定义类型。自定义类型是在基本数据类型的基础之上进行扩展，将基本数据类型组合成一种新的类型，这样做的好处是数据类型所包含的信息量增加了。比如，自定义一个白菜类型，白菜里面含有维生素，不同的白菜里面的维生素含量不同。这样就可以使用白菜类型来定义不同的白菜变量。在 Java 中有基本数据类型，同样存在这种自定义的数据类型，只不过不叫自定义数据类型，而是称它们为"类"。

在编写程序时，会处理各式各样的数据类型，这些数据类型如果都要靠程序员从头到尾去编写，显然不切合实际。Sun 早就认识到了这一点，他们把程序中经常要用到的数据类型都定义好，作为一个库放入了 JDK 开发工具包，这样程序员要使用这些数据类型的时候只需要使用

```
数据类型 变量名；
```
就可以定义一个变量。字符串的处理是应用程序中使用最频繁的，String 类就是 JDK 中定义好的一个类，可以直接使用。

5.2 字符串的定义与基本操作

字符串变量的定义和赋初始值，有如下两种形式：

```
String 变量名= "初始值";
String 变量名= new String("初始值");
```
第二种形式并不常用，推荐使用第一种形式。

字符串可以进行加法运算，作用是连接两个字符串，也可以将字符串与基本类型变量做加法运算，系统会先将基本类型转换为字符串型后进行连接操作，如下例：

```
String a="Hello" + " World";                //结果为 Hello World
String b=a+2008;                            //结果为 Hello World 2008
```

字符串也可以进行是否相等的比较，但不能直接使用 "==" 运算符，有可能出现错误，如下面的例子：

```
public class Chapter05_01{
    public static void main(String[] args){
        String a="Hello";
        String b="H";
        String c=b+"ello";
        System.out.println(a==c);
    }
}
```

上面的代码中，变量 c 的值也为 Hello，但是最后的输出结果不是预期的 true 而是 false。要得到预期的比较结果必须使用 String 提供的 equals()方法：

```
public class Chapter05_02{
    public static void main(String[] args){
        String a="Hello";
        String b="H";
        String c=b+"ello";
        System.out.println(a.equals(c));        //输出 true
    }
}
```

> 问题：int 型变量可以用 "==" 判断是否相等，字符串为什么不可以呢？
>
> 实际上只有 int、long 等 8 种基本数据类型才能使用 "==" 判断是否相等，字符串和后面要学习的其他引用类型都不应使用 "==" 判断。

5.3 字符串的常用操作

在编程开发中，经常需要对字符串进行各种操作，熟练掌握字符串的各种操作，对提高编程技巧很有帮助。要学习字符串的操作，首先要了解字符串的组成。字符串内部使用 char 数组来保存字符串的内容，数据中的每一位存放一个字符，char 数组的长度也就是字符串的长度。图 5-1 以字符串 "Hello World" 为例说明其在内存中的分配情况。

图 5-1 字符串在内存中的分配

表 5-1 列出了字符串中提供的常用操作方法。

表 5-1 字符串常用操作方法

返回类型	方法名称	作 用
int	length()	获取字符串的长度
char	charAt(int)	获取字符串中的一个字符
int	indexOf(String)	判断传入字符串在原字符串中第一次出现的位置
int	lastIndexOf(String)	判断传入字符串在原字符串中最后一次出现的位置
boolean	startsWith(String)	判断原字符串是否已传入字符串开头

续表

返 回 类 型	方 法 名 称	作 用
boolean	endsWith(String)	判断原字符串是否已传入字符串结尾
int	compareTo(String)	判断两个字符串的大小
String	toLowerCase()	获取小写字符串
String	toUpperCase()	获取大学字符串
String	substring(int)	截取字符串，从传入参数位置开始截取到末尾
String	substring(int,int)	截取字符串，从传入参数 1 位置开始截取到传入参数 2 位置
String	trim()	去掉字符串首尾的空格
String[]	split(String)	将原字符串按照传入参数分割为字符串数组

下面通过典型的例子演示字符串各种方法的应用。

【例 1】将字符串纵向输出 （length、charAt）。

问题分析：从字符串的第一位循环到最后一位，将字符串中的每一位通过 charAt()方法取出并打印，由于字符串内部使用数组保存字符，所以索引号从 0 开始。

```
public class Chapter05_03{
    public static void main(String[] args){
        String str="Hello World";
        for (int i=0; i<str.length(); i++){
            System.out.println(str.charAt(i));
        }
    }
}
```

【例 2】验证 email 地址 （indexOf、lastIndexOf、toLowerCase、endsWith）。

问题分析：使用以下规则对 email 地址的格式进行简单验证。

规则 1：必须出现字符 "." 和@。

规则 2：@只能出现一次。

规则 3：@必须出现在 "." 的前面，并且@和 "." 之前必须有字符。

规则 4：email 必须以.com 作为结尾。

```
public class Chapter05_04{
    public static void main(String[] args){
        String email= "Hello@.com";
        boolean isEmail=true;
        int dotIndex=email.indexOf(".");
        int atIndex=email.indexOf("@");
        if (dotIndex==-1 || atIndex==-1)              // 验证规则 1
            isEmail=false;
        if (atIndex!=email.lastIndexOf("@"))          // 验证规则 2
            isEmail=false;
        if (dotIndex-atIndex<=1)                       // 验证规则 3
            isEmail=false;
        if (!email.toLowerCase().endsWith(".com"))     // 验证规则 4
            isEmail=false;
    System.out.println(isEmail?"是合法邮件地址":"不是合法邮件地址");
    }
}
```

【例3】过滤不文明词汇 （toUpperCase、split、indexOf、substring）。

问题分析：

首先使用一个字符串变量记录所有的不文明词汇，用逗号分隔。接下来判断文本中是否包含不文明词汇（忽略大小写比较），如果包含，则用"****"代替，并继续检查直到不包含不文明词汇为止.

```java
public class Chapter05_05 {
    public static void main(String[] args) {
        String source = "天气太hot,食物都放坏了,我昨天就吃了一个"
                +"坏蛋黄派,真是Stupid啊,怎么能这么STUPID呢? ";
        String word = "笨蛋,坏蛋,stupid".toUpperCase();
        // 将不文明词汇分隔为数组
        String words[]=word.toUpperCase().split(",");
        // 用来标记文本中是否还含有部明文词汇
        boolean isGood;
        do {
            isGood=true;
            for (int i=0; i<words.length; i++){
                // 在转换为大写的文字中查找不文明词语的位置
                int pos=source.toUpperCase().indexOf(words[i]);
                if (pos!=-1) {
                    // 获得不文明词语的长度
                    int length=words[i].length();
                    // 使用substring分别截取出不文明词汇前面和后面文本
                    source=source.substring(0, pos)+"****"
                            +source.substring(pos+length);
                    isGood=false;
                }
            }
        } while (!isGood);
        System.out.println(source);
    }
}
```

问题：下面的代码想去掉字符串前后的空格，但是运行后字符串的内容并没有被更改，是怎么回事？

```java
String s = " Hello ";
s.trim();
```

准确地说trim()方法并不会直接修改字符串s的内容，而是重新生成了一个字符串并返回，正确的写法应该是这样:

```java
String s=" Hello ";
s=s.trim();
```

除了trim()，还有substring()、toUpperCase()、toLowerCase()等方法也具有这样的特性。字符串中的各种方法很多，如果需要用到其他的方法如何快速获取该方法的说明？Java 提供了帮助文档 JavaDoc。通过 JavaDoc，可以很容易地查阅各种方法的用途、参数、返回值等内容。

计算机可以通过特定的算法每次产生不同的数字，称为随机数。用户可以使用随机数实现经典的小游戏："人物、地点、动作"。

定义 3 个字符串数组,分别存放一系列姓名、地点和动作,使用系统产生的随机数作为数组下标从数组中随机获取姓名、地点和动作,然后将三者拼成一个字符串,例如"张三在教室学习"。

【例 4】小游戏。

```java
public class Chapter05_06 {
    public static void main(String[] args){
        // 声明三个数组存放姓名、地点、事件
        String[] names=new String[]{"小聪","小美","小薇","小黑","小莉"};
        String[] address= new String[]{ "教室", "操场", "卧室", "厨房" };
        String[] things= new String[]{ "吃饭", "学习", "踢球", "弹钢琴", "睡觉" };
        // 创建 random 对象
        java.util.Random random=new java.util.Random();
        // 获取随机产生的数组下标
        int namesIndex=random.nextInt(names.length);
        int addressIndex=random.nextInt(address.length);
        int thingsIndex=random.nextInt(things.length);
        String msg=names[namesIndex]+"在"+address[addressIndex]
            +things[thingsIndex];
        System.out.println(msg);
    }
}
```

第 8 行中的 java.util.Random 类为用于生成随机数的工具类。

第 10 行中的 java.util.Random 类中的 nextInt(int n)方法用于产生一个从 0 到 n(不包含 n)之间 int 数据类型的随机数。

Random 对象的 next×××()方法(×××代表 boolean、int、float、double、long 等数据类型),可以返回指定数据类型的随机值。

5.4　数据类型小结

Java 中,数据类型可以分为两类:基本类型和引用类型。基本类型的变量保存原始值,即它代表的值就是数值本身;而引用类型的变量保存引用值。"引用值"代表了某个对象的引用,而不是对象本身,对象本身存放在这个引用值所表示的地址的位置。

5.4.1　基本类型与引用类型

所谓基本类型就是 Java 语言中如下的 8 种内置类型:byte、short、int、long、char、float、double、boolean。而引用类型就是那些可以通过 new 来创建对象的类型,也就是后面要学习的类、接口。String 是类,所以它是引用类型。已经学过的数组也属于引用类型。

5.4.2　两种类型数据存储方式

这两种方式到底有什么区别?它们定义的数据是如何在内存中存储的? 这里简单介绍一下堆和栈的概念。

Java 把内存划分成两种:一种是栈内存;另一种是堆内存。定义一些基本类型的变量和引用类型的变量都是在栈中分配内存,当在一段代码块(就是一对花括号{}之间)定义一个变量时,

Java 就在栈中为这个变量分配内存空间，当超过变量的作用域之后，Java 就会自动释放为该变量所分配的内存空间，该内存空间就可以另外做其他用途。堆内存用来存放由 new 创建的对象和数组，在堆中分配的内存由 Java 虚拟机的自动垃圾回收器来管理。在堆中产生了一个数组或者对象之后，还可以在栈中定义一个特殊的变量，让栈中的这个变量的取值等于数组或者对象在堆内存中的首地址，栈中的这个变量就成了数组或者对象的引用变量，以后就可以在程序中使用栈中的引用变量来访问堆中的数组或者对象，引用变量就相当于是为数组或者对象起的一个名称。引用变量是普通的变量，定义时在栈中分配，而数组和对象本身在堆中分配。数组和对象在没有引用指向它时，才会变为垃圾，不能再被引用，但仍然占用内存空间，在之后一个不确定的时间被垃圾回收器释放。例如：

```
String x;
x=new String("aaa");
```

第一行代码声明一个 String 类型的变量 x，这个 x 的空间在栈中分配。第二行代码使用 new 关键字在堆中分配内存，将"aaa"存储到堆中，然后再将堆内存的首地址存储到 x 中，这样栈内存中的 x 就指向了堆内存中的 String 对象了，如图 5-2 所示。

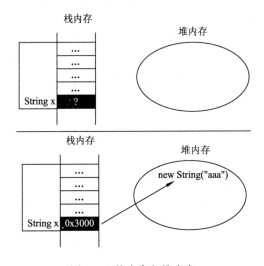

图 5-2　栈内存与堆内存

例如以下代码：

```
public class Chapter05_07{
    public static void main(String[] args){
        int x=10;
        int y=10;
        String strX=new String("abc");
        String strY=new String("abc");
        System.out.println(x==y);              //输出 true
        System.out.println(strX==strY);        //输出 false
        System.out.println(strX.equals(strY)); //输出 true
    }
}
```

对应的内存分配图如图 5-3 所示。

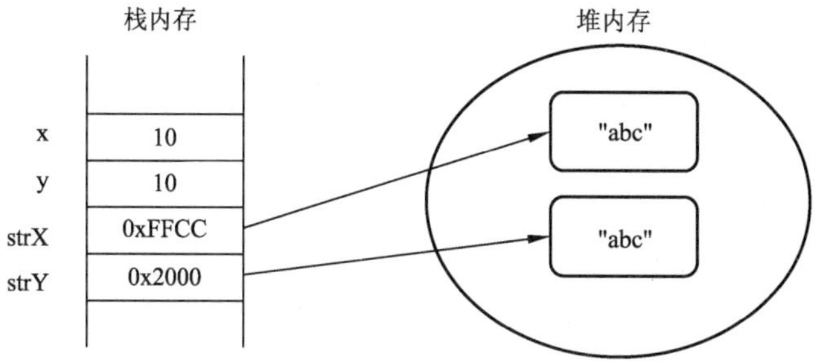

图 5-3　内存分配图

因为 x 和 y 中存储的都是 10，使用"=="比较的时候，结果是 true，而 strX 和 strY 中存储的是堆内存中字符串对象的引用，虽然字符串中内容都是"abc"，但是地址不一样，所以使用"=="比较的时候，比较的其实是对象的地址，所以结果是 false。而使用 String 的 equals 方法比较的时候，比较的是对象中存储的内容，而内容是一样的，所以结果为 true。

例如以下代码：

```
public class Chapter05_08 {
    public static void main(String[] args) {
        String strA="Hello";
        String strB="Hello";
        String strC=new String("Hello");
        String strD=new String("Hello");
        System.out.println(strA==strB);          //输出 true
        System.out.println(strB==strC);          //输出 false
        System.out.println(strC==strD);          //输出 false
        System.out.println(strA.equals(strB));   //输出 true
        System.out.println(strB.equals(strC));   //输出 true
        System.out.println(strC.equals(strD));   //输出 true
    }
}
```

使用 equals()方法比较两个字符串内容，而 strA、strB、strC、strD 中存储的内容都是"Hello",所以结果都是 true。strC==strD 的结果是 false 容易理解，因为地址不一样，为什么 strA==strB 是 true，而 strB==strC 的结果是 false 呢？这里就涉及字符串池。"字符串池"是 Java 为了提高内存利用率而采用的措施：当遇到 String strA = "Hello"；这样的语句时，Java 会先在字符串池中寻找是否已经存在"Hello"这个字符串，如果没有，则在堆中建立字符串"Hello"对象，然后变量 strA 指向这个地址；遇到语句 String strB = "Hello"，这时字符串池中已经有"Hello"，所以直接让变量 strB 也指向这个地址，省去了重新分配的麻烦。那么 String strC = new String("Hello")又如何处理呢？如果是这种写法，则不会去访问字符串池，而是先在堆中开辟空间，然后将值写入空间，然后将地址放入变量 strC 中。所以，strA 与 strB 指向的同一个对象，存储的地址是一样的，自然 strA==strB 的结果就是 true，strB、strC、strD 中存储的地址都是不一样的，所以 strB==strC 与 strC==strD 的结果都是 false。

5.4.3 基本类型的包装类

使用基本数据类型定义的变量占用的内存在栈中分配，变量中的值直接存放在这个空间中。开发中往往有这样的需求，如获取一个整数的二进制、八进制、十六进制字符串序列，将一个整数转换成一个字符串、整数和其他基本数据类型之间的转换等。这些需求处理起来比较麻烦，JDK中为每种基本数据类型都提供了对应的封装类，使用这些封装类就可以将这些基本类型数据作为对象来处理，也就是将基本值封装成对象，在堆中分配存储空间，而对象中提供了丰富的方法来处理前面的那些需求。基本类型的包装类如表 5-2 所示。

表 5-2　基本类型的包装类

基 本 类 型	包 装 类
boolean	Boolean
byte	Byte
short	Short
long	Long
float	Float
double	Double
char	Character
int	Integer

以下代码演示输出整数的二进制和十六进制序列。

```java
public class Chapter05_09 {
    public static void main(String[] args) {
        int a=10;
        System.out.println("二进制序列:"+Integer.toBinaryString(a));
        System.out.println("十六进制序列:"+Integer.toHexString(a));
    }
}
```

5.5　字符串类型与基本类型的转换

在实际应用中，经常会遇到字符串类型与基本类型的转换操作。基本类型转换为字符串类型很简单，之前是通过 "+" 运算来实现的。比如以下代码：

```java
public class Chapter05_10 {
    public static void main(String[] args){
        int a=10;
        double b=20.56;
        boolean c=true;
        String sa=""+a;
        String sb=""+b;
        String sc=""+c;
    }
}
```

现在也可以通过字符串内置的 valueOf 操作进行转换，例如：

```
public class Chapter05_11 {
    public static void main(String[] args) {
        int a=10;
        double b=20.56;
        boolean c=true;
        String sa=String.valueOf(a);
        String sb=String.valueOf(b);
        String sc=String.valueOf(c);
    }
}
```

而将字符串类型转换为基本类型使用基本类型的包装类就可以很方便地完成，因为包装类提供了一些常用的操作。下面以 int 类型的包装类 Integer 为例进行说明，Integer 包装类常用操作方法如表 5-3 所示。

表 5-3　Integer 包装类的常用操作方法

返 回 类 型	方 法 名 称	作　　用
int	parseInt(String)	将字符串转换为十进制的 int 型
int	parseInt(String,int)	将字符串转换为指定进制的 int 型
String	toBinaryString(int)	将 int 型转换为二进制格式的字符串
String	toHexString(int)	将 int 型转换为十六进制格式的字符串

以下代码将字符串转换为 int 类型数据：

```
public class Chapter05_12{
    public static void main(String[] args){
        String s="10";
        int i=Integer.parseInt(s);
    }
}
```

注意：如果字符串中的内容不是整数格式，在使用 Integer.parseInt()方法转换时程序会报错。

其他基本类型的包装类作用与用法基本相似，如表 5-4 所示。

表 5-4　基本类型的包装类

基 本 类 型	包 　装 　类	方 法 名 称	作　　用
boolean	Boolean	parseBoolean	将字符串转换为 boolean 型
byte	Byte	parseByte	将字符串转换为 byte 型
short	Short	parseShort	将字符串转换为 short 型
long	Long	parseLong	将字符串转换为 long 型
float	Float	parseFloat	将字符串转换为 float 型
double	Double	parseDouble	将字符串转换为 double 型

字符串与 char 类型的转换可以通过字符串的 charAt()方法完成，所以 Character 包装类中没有

再提供相关的方法。

5.6　字符串的格式化输出

String 类中提供了 format()方法，语法为：

```
String.format(格式,参数)
```

字符串格式参数有很多种转换符选项，例如日期、整数、浮点数等。这些转换符的说明如表 5-5 所示。

表 5-5　格式说明

转　换　符	说　　明	示　　例
%s	字符串类型	"mingrisoft"
%c	字符类型	'm'
%b	布尔类型	true
%d	整数类型（十进制）	99
%x	整数类型（十六进制）	FF
%o	整数类型（八进制）	77
%f	浮点类型	99.99
%a	十六进制浮点类型	FF.35AE
%e	指数类型	9.38e+5
%g	通用浮点类型（f 和 e 类型中较短的）	
%h	散列码	
%%	百分比类型	%
%n	换行符	
%tx	日期与时间类型（x 代表不同的日期与时间转换符	

字符串的格式化输出示例：

```java
public class Chapter05_13 {
    public static void main(String[] args) {
        String str=null;
        String name="zhangsan";
        str=String.format("Hi,%s", name);        //格式化字符串
        System.out.println(str);                 //输出 Hi,zhangsan
        str=String.format("%d+%d=%d",1,2,1+2);
        System.out.println(str);                 //输出 1+2=3
        str=String.format("%d%%", 40);
        System.out.println(str);                 //输出 40%
        str=String.format("100 的十六进制数是: %x", 100);
        System.out.println(str);                 //输出 64
        System.out.printf("100 的八进制数是: %o %n", 100);
        System.out.printf("上面价格的指数表示: %e %n", 50*0.85);
    }
}
```

5.7 字符串的正则表达式概述

Java 程序在处理字符串的时，经常需要匹配某些复杂规则的字符串。正则表达式就是用于描述字符串规则的工具。换句话说，正则表达式就是记录文本规则的代码。首先用下面案例先认识正则表达式。

验证身份证是否合法的正则表达式：

```
\d{18}|\d{15}
```

（1）\d 代表数字。

（2）{18}代表必须是 18 位。

（3）"|"代表逻辑关系"或"。

（4）{15}代表必须是 15 位。

上面的例子用来规范身份证必须是 15 位或者 18 位数字。通过正则表达式可以匹配复杂规则的字符串，在字符串查询验证中非常方便。如果没有正则表达式，许多字符串验证就需要非常烦琐的代码，并且这些代码往往不便于阅读，还会对将来的代码维护造成很大的麻烦。常见的正则表达式如表 5-6 所示。

表 5-6　常见正则表达式

正则表达式	描　　述
^[\w-]+(\.[\w-]+)*@[\w-]+(\.[\w-]+)+$	Email 格式
^[a-zA-z]+://(\w+(-\w+)*)(\.(\w+(-\w+)*))*(\?\S*)?$	URL 地址
[a-zA-Z0-9_\-]	常用合法文本
^\d+$	非负整数
[\u4e00-\u9fa5]	中文字符
<(.*)>.*<\/\1>|<(.*) />	HTML 标记
(\d{3}-|\d{4}-)?(\d{8}|\d{7})	国内电话

String 提供了 matches()方法来验证给定的字符串是否与正则表达式匹配，如果匹配则结果为 true，否则为 false。

```java
public class Chapter05_14{
    public static void main(String[] args){
        String reg="^[\\w-]+(\\.[\\w-]+)*@[\\w-]+(\\.[\\w-]+)+$";
        String email="zhangsan@126.com";
        System.out.println(email.matches(reg)?"合法":"非法");  //输出合法
        email="zhangsan@126com";
        System.out.println(email.matches(reg)?"合法":"非法");  //输出非法
    }
}
```

上面正则表达式的写法如下：

```
^[\w-]+(\.[\w-]+)*@[\w-]+(\.[\w-]+)+$
```

为什么代码中要写成：

```
^[\\w-]+(\\.[\\w-]+)*@[\\w-]+(\\.[\\w-]+)+$
```

因为在正则表达式中的"\"在 Java 代码中就应该是"\\"。

第 6 章

Java 中的方法

对象是由数据和允许的操作组成的封装体，与客观实体有直接对应关系，其中允许的操作就是指方法。Java 的方法是组合在一起来运行操作语句的集合。学习本章是解决对象基本操作的基础。

6.1 方法的定义

假设一个程序在运行的过程中，要不断地向屏幕上绘制一个圆形。而绘制圆形需要 200 行左右的代码，如果在需要绘制圆形的地方都加上这 200 行代码，程序就会变得非常臃肿，可读性也就非常差。如果要修改绘制圆形的代码，就要修改很多地方，不但麻烦，而且很容易会出现遗漏。

我们可以将绘制圆形的这 200 行代码从原来的主程序中单独拿出来，做成一个子程序，并为这个子程序安排一个名称，在主程序中需要使用到子程序功能的每个地方，只要写上子程序的名称，计算机就会去运行子程序中的代码，当子程序中代码运行完毕之后，计算机又回到主程序中接着往下运行。在有些语言中这种子程序被称为函数。在结构化编程语言中，整个软件由一个一个的函数组成。而在面向对象编程中，这种子程序被称为方法。函数与方法本质上没有太大区别，只不过在面向对象中称作方法，只是称谓上的变化。

现实生活中，方法是为了达到目标的途径、步骤、手段。程序设计中，方法是为了完成某一独立操作的若干条语句的组合。

前面已经用过很多方法，例如：

```
new java.util.Scanner(System.in).nextInt()
new java.util.Random().nextInt()
System.out.println()
"abc".length()
"abc".charAt()
```

这些都是前面已经使用过的方法，最常见的方法是 main()方法：

```
public static void main(String[] args){…}
```

这个方法是每个 Java 应用程序必须有的方法，是 Java 程序的入口。定义一个方法的语法如下：

```
[修饰符] 返回值类型 方法名称（[参数表]）{
    //方法体
}
```

其中，中括号（[]）代表可选内容。

方法的定义有如下关键点：

（1）方法的名称。"abc".length()中，length 就是方法名。

（2）方法的返回值类型。方法是一系列动作的组合，动作运行结束后可能会产生一个结果供其他程序使用，需要在定义方法时声明返回结果的类型，即方法返回值类型。比如，int a="abc".length();整数 a 的值是 3，该值是 length()方法返回的结果，那么方法 length()的返回值类型就是 int；在 main()方法中，没有返回结果，那么返回结果被定义为 void。

（3）方法体。方法体指方法中运行的具体内容。从 main()方法中可以看出，方法体就是方法名称后大括号内（{}）的所有内容。

（4）方法的修饰符。方法的修饰符是可选的， main()方法的修饰符是 public static ，代表公共的、静态的。关于方法修饰符，将在后面的章节中讲解，本节方法修饰符都使用 public static

（5）方法的参数列表。方法在定义中规定，方法名称定义后紧跟着一个小括号，小括号中的内容称为方法的参数，方法参数个数可以为零个或者多个。

定义方法示例：

```java
//定义一个加法运算的方法
public static double add(double num1,double num2){
    return num1+num2;
}
//输出一行*的方法
public static void display(){
    System.out.println("*********************");
}
```

第 2 行中方法名称是 add,返回值类型是 double,方法修饰符是 public static,参数列表是"double num1,double num2"。大括号（{}）是方法体。

第 4 行表示 add()方法结束。

第 6 行中方法名称是 display，没有返回值，修饰符是 public static ，方法没有参数。

第 8 行表示 display()方法结束。

> 注意：
> （1）方法名的命名规范和变量名的命名一致，包括大小写等。
> （2）方法之间是独立平等的，方法内部是封闭的，也就是说，一个方法中不能嵌套定义其他方法，一个方法可以独立定义变量，使用变量，但是一个方法中的变量不能被其他方法访问。
> （3）方法定义不分先后顺序。

6.2　方法的使用

方法定义完毕之后，只是一个有名字的代码块，不能马上运行，需要经过调用方法中的代码块才能运行。

【例】分别输入 3 个同学的 Java 成绩、SQL 成绩、计算机基础成绩，然后分别计算 3 个同学的平均成绩。

解决该问题可以使用循环，为了后续的问题，首先用传统的方法来做。

```java
public class Chapter06_01{
    public static void main(String[] args){
        int java1=0,sql1=0,cb1=0;
        java.util.Scanner input=new java.util.Scanner(System.in);
        System.out.print("请输入 Java 成绩: ");
        java1=input.nextInt();
        System.out.print("请输入 SQL 成绩: ");
        sql1=input.nextInt();
        System.out.print("请输入计算机基础成绩: ");
        cb1=input.nextInt();
        double result1=(java1 + sql1 + cb1)*1.0/3;
        System.out.print("第一个同学的成绩是: ");
        System.out.println(result1);
        int java2=0,sql2=0,cb2=0
        System.out.print("请输入 Java 成绩: ");
        java2=input.nextInt();
        System.out.print("请输入 SQL 成绩: ");
        sql2=input.nextInt();
        System.out.print("请输入计算机基础成绩: ");
        cb2=input.nextInt();
        double result2=(java2+sql2+cb2)*1.0/3;
        System.out.print("第二个同学的成绩是: ");
        System.out.println(result2);
        int java3=0,sql3=0,cb3=0;
        System.out.print("请输入 Java 成绩: ");
        java3=input.nextInt();
        ystem.out.print("请输入 SQL 成绩: ");
        sql3=input.nextInt();
        System.out.print("请输入计算机基础成绩: ");
        cb3=input.nextInt();
        double result3=(java3+sql3+cb3)*1.0/3;
        System.out.print("第三个同学的成绩是: ");
        System.out.println(result3);
    }
}
```

在上面的示例中看到代码分为三部分，并且三部分的功能是一样的，因此，可把功能相同的部分定义成为一个方法，然后把这个方法使用 3 次即可。

```java
public static void average(){
    int java= 0;
    int sql = 0;
    int cb=0;
    java.util.Scanner input=new java.util.Scanner(System.in);
    System.out.print("请输入 Java 成绩: ");
    java=input.nextInt();
    System.out.print("请输入 SQL 成绩: ");
    sql=nput.nextInt();
    System.out.print("请输入计算机基础成绩: ");
    cb=input.nextInt();
    double result1=(java+sql+cb)*1.0/3;
    System.out.println(result1);
}
```

　　方法定义结束后，在 main()方法中如何使用呢？也就是说如何调用呢？方法调用的语法是：

```
方法名（方法参数）
```

在 main()方法中调用 3 个同学的平均成绩：

```
public static void main(String[] args){
    average();                //第一次方法调用
    average();                //第二次方法调用
    average();                //第三次方法调用
}
```

　　目前，方法 average()没有参数，因此调用的时候直接使用：方法名()。注意，方法名后面的括号不能省略。在上面的示例中，通过调用方法之后，代码明显得到了重用，同时总体的代码量减少了。

6.3　方法的返回值

　　在上一节的例子中，使用了方法之后，程序代码的复杂度明显得到了改善。如果在上面示例中添加功能：输入 3 个学生的成绩，得到平均成绩后，输出最高的平均成绩，那么必须在 main()方法中得到每个同学的平均成绩，这就要求 average()方法运行结束后，必须把平均成绩返回给调用者［main()方法］。在方法中返回一个结果使用的语法如下：

```
return（表达式）;
```

　　如果方法需要返回值，就必须在方法声明（也就是方法定义）时，指出方法返回值的返回类型。示例中，平均值的类型是 double，重构 average()方法的返回类型为 double 类型：

```
public static double average() {
    int java=0,sql=0,cb=0;
    java.util.Scanner input=new java.util.Scanner(System.in);
    System.out.print("请输入 Java 成绩: ");
    java=input.nextInt();
    System.out.print("请输入 SQL 成绩: ");
    sql=input.nextInt();
    System.out.print("请输入计算机基础成绩: ");
    cb=input.nextInt();
    double result=(java+sql+cb)*1.0/3;
    return result;
}
```

第 1 行为方法开始部分，方法的返回值类型是 double。

　　最后 1 行指方法结束时用 return 返回值。程序运行过程中，只要遇到关键字 return 就会结束本方法的运行，并且把 return 关键字后面表达式的值返回给调用者。如果方法声明时返回类型是 void，说明方法不需要任何返回结果，可在方法运行结束时直接使用 "return;"，此时通常该语句省略。

　　学生平均成绩的方法调用：

```
public static void main(String[] args){
    //方法调用时，可以有变量对方法的返回值接收
    double result1=average();
    System.out.println("第一个学生成绩是: " + result1);
    double result2=average();
```

```
System.out.println("第二个学生成绩是: " + result2);
double result3=average();
System.out.println("第三个学生成绩是: " + result3);
//比较最高平均分
if(result1>result2 && result1 > result3){
    System.out.println("最高平均分是第一个同学: " + result1);
}
else{
    //如果第一个同学平均分不高，那么平均分高的同学一定是第二个或者第三个
    if(result2>result3){
        System.out.println("最高平均分是第二个同学: " + result2);
    }
    else{
        System.out.println("最高平均分是第三个同学: " + result3);
    }
}
}
```

第 3、5、7 行就是 main()方法调用 average()的结果。

如果方法有返回值，在调用时就可以用变量来接收该返回值。变量的类型就是方法定义时定义的方法返回值类型，调用者在调用的同时可以把方法的返回结果赋值给一个变量。

问题：在一个方法中返回两个结果，怎么办？

在程序设计中，确实会遇到需要返回两个或者多个结果的时候，但是在方法的定义中，只有一个返回类型，规定只能有一个返回值。一个返回值是否包可以含两个结果呢？需要学习面向对象中关于封装的概念。

上面示例中，main()方法通过调用其他方法，得到了 3 个同学的平均分，查找最高平均分时，能否用一个方法如何实现呢？下一节将详细讲解。

提示：设计程序时，一般会遵从输入、处理、输出的步骤进行设计，通常在程序设计时，main()方法只负责输入、输出，而处理部分一般由对应的方法实现，main()方法进行相应的调用。

6.4　方法的参数

在前面学习过的方法定义和方法调用中都没有使用方法参数，方法就是去做一件事情，做事情的结果就是方法的返回值，方法的参数就是做事的前提条件。也就是说，如果方法定义中有参数，那么调用方法的时候，一定要满足参数定义才能调用。方法调用示意图如图 6-1 所示。

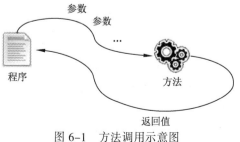

图 6-1　方法调用示意图

求最高平均分方法：

```java
public static double maxAverage(double score1,double score2,double score3) {
    double maxScore=-1;          //初始值要赋值为无效成绩
    //比较最高平均分
    if (score1>score2 && score1>score3){
        maxScore=score1;
    }
    else {
        //如果第一个同学平均分不高，那么平均分高的同学一定是第二个或者第三个
        if (score2>score3){
            maxScore=score2;
        }
        else {
            maxScore=score3;
        }
    }
    return maxScore;
}
```

第 1 行给出了方法的 3 个参数。参数的使用可以当作已经存在初始值的局部变量（一个方法中的变量称为局部变量）。

方法参数的定义与普通的变量定义一样，方法的参数可以是零个或者多个，根据具体的需要进行设计，多个参数定义间用逗号隔开。参数在方法中不必赋值就可以直接使用，参数值在方法调用时由调用者输入。

带参数的方法调用示例：

```java
public static void main(String[] args){
    //方法调用时，可以有变量对方法的返回值接收
    double result1=average();
    System.out.println("第一个学生成绩是: "+result1);
    double result2=average();
    System.out.println("第二个学生成绩是: "+result2);
    double result3=average();
    System.out.println("第三个学生成绩是: "+result3);
    double maxAvg=maxAverage(result1, result2, result3);
    System.out.println("最高平均分时: "+maxAvg);
}
```

第 9 行指方法调用。在 maxAverage() 方法声明中，有 3 个参数 double score1、double score2、double scroe3，那么在调用方法时 result1、result2、result3 就是分别给 score1、score2、score3 对应传值。

前面讲过，方法之间是独立的，一个方法中的变量不能在另一个方法中直接使用，因此上面示例中，在程序运行时，只能把 main() 方法中的变量 result1、result2、result3 的值一一对应地传递给 maxAverage() 方法的参数 score1、score2、score3。这个过程叫作参数传值，如图 6-2 所示。

在程序设计中，maxAverage() 方法的参数 score1、score2、score3 被想象为已经存在初始值，这时把参数 score1、score2、score3 称为形式参数（简称形参）。而 main() 方法的 result1、result2、result3 3 个变量在调用时是经过赋值的，称为实际参数（简称实参）。

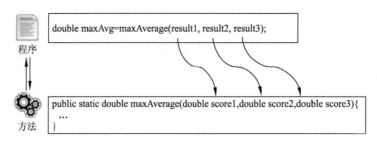

图 6-2　程序方法调用形参实参对应关系

> **注意**：实参与形参结合的时候需要注意以下几点。
>
> （1）实参对应的形参数量一致。
>
> （2）实参对应的形参数据类型一致。
>
> （3）当调用没有参数的方法时，方法名后面的括号不能省略。
>
> （4）参数个数的设计要根据具体情况具体对待，并不是参数越多越好，也不是越少越好。参数越多，调用的复杂性越大；参数越少，方法越不灵活。
>
> （5）使用方法的目的是为了代码重用，因此设计方法时应尽可能使功能独立。

变量的作用域就是指一个变量定义后，在程序的什么地方能够使用。

前面学过代码块的概念，就是在设计程序时，一对大括号（{}）包含的区域。在 Java 中，使用大括号的地方有：类定义（后面章节中讲解）、方法定义、方法中的循环、判断等，一个变量的作用域只被限制在当前变量所在的语句块中（也就是当前变量的大括号中）。语句块之间的层次关系如图 6-3 所示。

方法中定义的变量称为局部变量，只能在当前方法中使用，包括当前方法中的判断语句块、循环语句块。在判断语句块中声明的变量只能在当前判断语句块中使用，当前判断语句块之外不能正常使用，对循环语句块也是一样。

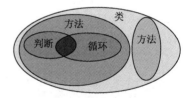

图 6-3　语句块之间的层次关系图

变量的生命周期就是从变量声明到变量终结，普通变量的生命周期与作用域范围一致，一个变量在当前语句块结束时，变量被系统回收。

第7章

类 和 对 象

Java 最吸引人的特征莫过于面向对象编程方式,它是纯粹的面向对象程序设计语言。这主要表现为 Java 完全支持面向对象的 3 种基本特征: 继承、封装、多态。本章讲解 Java 中面向对象的 3 种基本特征。

7.1 类和对象概述

世界上万事万物都是由一个个对象组成的, 为了研究世界上的万事万物, 需要给每个对象定义名称, 需要对各种对象进行分类。比如, 动物、植物、脊椎动物、无脊椎动物、老虎、狮子、猫、狗、花草树木等, 这些都是物质世界分类后的名称, 是一类对象的总称, 简称类。

任何一个对象都有对象的特征和对象的行为, 描述对象需要从对象的特征(对象的属性)和对象的行为(对象动作)来入手。比如, 头狮子的特征有: 重量、颜色、腿、耳朵等; 狮子的行为有: 跑、叫、吃等。

对象的描述可以很丰富, 也可以很抽象, 不同人对同一对象的描述可能不同, 比如摄影家用照相机记录下的狮子(见图 7-1)与艺术家眼中的狮子(见图 7-2)相比差距很大, 艺术家眼中的狮子比较抽象。

图 7-1　摄影家镜头下的狮子

图 7-2　艺术家眼中的狮子

有些对象在描述的时候主要关注其特征，比如一本书的特征有：页码、尺寸、厚度、重量、章节等，而有些对象描述的时候还要关注行为，比如狗的描述要强调：叫、摇尾巴等。

把一系列对象的共同特性和行为描述出来，形成一系列对象的概念模型就是类。也就是说，类是对象的抽象定义，对象是类的具体实例。

在程序设计中，很多项目都有上万行甚至几十万行代码，如果用前面学习过的知识进行设计，程序员眼中看到的是一个一个的方法，以及各种方法之间的调用，这种程序设计方法称为面向过程设计。面向过程程序设计中，代码的管理非常麻烦。下面把程序设计成一个一个的类，定义出它们的特征和行为，然后根据类定义出一个一个的对象，利用对象之间的关系进行调用，这就是面向对象编程（OOP）方法。面向对象编程中，对象的特征称为对象的属性，对象的行为称为对象的方法。

Java 是面向对象的语言，其中任何一个变量声明、语句处理、方法实现都要定义在类中，并且规定程序从 main()方法开始运行。

第一节课中的 Java 程序：

```
public class Hello{
    public static void main(String[] args){
        System.out.println("Hello,这是我的第一个 Java 程序");
    }
}
```

第 1 行定义了一个名称为 Hello 的类。

第 2 行程序说明从 main()方法开始运行。

7.2　类　的　定　义

在程序设计中，对象由其属性和方法组成，类描述的是对象的结构，因此，类的定义需要包含属性和方法的定义。属性和方法一起构成了类程序的主体。

属性和方法都称为类的成员。类的属性描述类的特征称为类的数据成员，也叫成员变量。类的方法描述动作称为类的方法成员，也称为成员方法。

类的语法：

```
[类修饰符] class 类名 {
    //属性定义
    [属性修饰符] 属性 1 的类型  属性 1;
    [属性修饰符] 属性 2 的类型  属性 2;
    …
    //定义方法部分
    方法 1;
    方法 2;
    …
}
```

语法解析：

（1）类修饰符与方法修饰符类似，使用 public，表示该类是公共的，任何地方都可以使用。

（2）class 是定义类的关键字。

（3）类的命名与方法的命名规则一致，为了程序便于阅读和良好的程序设计风格，通常类名中不要出现 "_" 和 "$" 这样的特殊字符，方法名称通常是动词，而类名通常是名词，并且通常第一个字母大写。如果是多个单词组合的，每个单词第一个字母都大写。

（4）类程序体。类程序体放在一个语句块中，类名后面要紧跟着一对大括号就是类程序体。

（5）属性的定义。类似普通变量定义，只是普通变量的定义在方法内，称为局部变量，而属性定义在方法外、类程序体内，与方法平级。

（6）方法定义，第6章已经学习过一部分。

【例1】编写一个学生类，属性有：姓名、性别、年龄、爱好，输出相关信息，如图7-3所示。

图7-3　学生类的属性和方法

```
public class Student{
    //类的属性定义
    String name;              //姓名
    boolean isMale=true;      //是否男性
    int age;                  //年龄
    String favourite;
    //方法定义
    public void display(){
        System.out.println("姓名: "+name
            + ", 性别: "+(isMale ? "帅哥" : "靓妹")
            + ", 年龄:"+age
            + ", 爱好"+favourite);
    }
}
```

第3、4、5、6行定义类的成员变量，成员变量的定义方法与普通变量定义一样，不同的地方：

（1）成员变量只能一个一个定义。不能连续定义，比如这样是错误的：int a,b;。

（2）成员变量定义在方法外。

（3）成员变量定义时可以有初始值（如第4行），如果不赋初始值，系统会自动初始化。如果属性类型是整型（byte、short、int、long），那么自动初始化为0；char类型自动初始化为'\0'，float和double自动初始化为0.0，boolean类型自动初始化为false。引用类型默认值是null。

第8行方法定义与第6章学习过的方法定义缺少一个关键字static，其他一样。

前面学习过变量的作用域问题，成员变量在类块中声明后，在方法中可以使用。

一般来说，一个类保存到一个文件中，并且文件名要与类名相同，包括大小写。

7.3　类的使用

定义类，实质就是定义一个数据类型，根据类型可以声明变量。根据类也可以声明变量，称为对象。例如：

```
Student zhangsan;
```

只是在内存中产生一个对象名称（也叫对象引用），并没有给该对象分配具体的内存空间，因此上面声明过的zhangsan对象还不可以使用，那么如何给对象分配空间呢？需要使用关键字new。以前使用过new的用法，例如：

```
java.util.Scanner input=new java.util.Scanner(System.in);
java.util.Random rdm=new java.util.Random();
```

上面的例子中 input 是类 Scanner 的对象，rdm 是类 Random 的对象。new 关键字就是按照类的定义在内存中分配对象的空间，这个过程也叫对象实例化。具体语法如下：

```
类名 对象名 = new 类名()
```

对象名的命名规范和变量命名格式一样。产生 Student 对象 zhangsan 和 lisi 对象的方法如下：

```
Student zhangsan=new Student();
Student lisi=new Student();
```

对象声明之后，对象的属性和方法才能起作用，Student 对象 zhangsan 声明后，有 4 个属性，访问对象 zhangsan 的属性可以为：

```
zhangsan.name
zhangsan.isMale
zhangsan.age
zhangsan.favourite
```

调用 zhangsan 的方法可以为：

```
zhangsan.display()
```

使用对象的属性和方法的语法如下：

```
对象名.属性名
对象名.方法名(参数列表)
```

对象 lisi 的内存空间和 zhangsan 的内存空间是两个独立的内存空间，分别对两个对象进行操作相互不影响，对象 zhangsan 和 lisi 的属性初始值相同，都是默认的初始值。

前面提到，类是一种引用数据类型，因此程序中定义的 Student 类型的变量实际上是一个引用，它被放在栈内存中，它指向实际的 Student 对象，而真正的 Student 对象则存放在堆内存中。上面定义的 zhangsan、lisi 就是 Student 对象的引用，它们指向 Student 类的实例对象，习惯上称为 zhangsan 对象、lisi 对象，内存分配情况如图 7-4 所示。

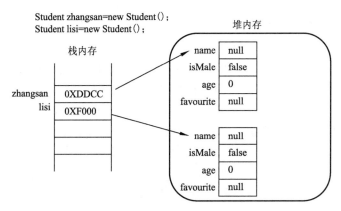

图 7-4　内存分配

【例 2】定义对象 zhangsan 和 lisi，并显示他们的姓名、性别、年龄、爱好。

使用前面定义好的 Student 类，在 main() 方法中使用 new 操作符在堆中为 Student 类的对象分配内存，然后使用 "." 运算符访问对象中的属性。

```
public static void main(String[] args){
    Student zhangsan=new Student();
    System.out.println("姓名: "+ zhangsan.name
        +",性别: "+( zhangsan.isMale?"帅哥":"靓妹")
```

```
    +",年龄:"+ zhangsan.age+", 爱好"+ zhangsan.favourite);
    Student lisi=new Student();
    System.out.println("姓名: "+ lisi.name
        +",性别: "+( lisi.isMale?"帅哥":"靓妹")
        +",年龄:"+ lisi.age+", 爱好:"+ lisi.favourite);
}
```

运行结果：

姓名: null,性别: 靓妹,年龄:0, 爱好 null

姓名: null,性别: 靓妹,年龄:0, 爱好 null

示例中姓名和爱好的值默认都是 null，说明 String 是引用数据类型。对象使用前可以对不同的对象属性进行赋值，属性赋值时与普通变量赋值相同。

【例 3】定义对象 zhangsan 和 lisi，为他们的姓名、性别、年龄、爱好赋值后显示这些值。使用 "." 运算符访问对象中的属性和方法.

```
public static void main(String[] args){
    Student zhangsan =new Student();
    zhangsan.name="张三";
    zhangsan.isMale=false;
    zhangsan.age=21;
    zhangsan.favourite="看电影，听音乐";
    zhangsan.display();
    Student lisi=new Student();
    lisi.name="李四";
    lisi.isMale=true;
    lisi.age=22;
    lisi.favourite="打篮球，玩游戏";
    lisi.display();
}
```

运行结果：

姓名: 张三,性别: 靓妹,年龄:21, 爱好: 看电影, 听音乐

姓名: 李四,性别: 帅哥,年龄:22, 爱好: 打篮球, 玩游戏

7.4　局部变量与成员变量

类的定义中的变量称为成员变量，第 6 章学过的在方法中定义的变量称为局部变量。成员变量与局部变量的比较如表 7-1 所示。

表 7-1　成员变量与局部变量

比　　较	成　员　变　量	局　部　变　量
作用域	整个类中起作用（包括方法中）	只在方法中起作用
初始值	byte、short、int、long 变量的初始值是 0； float、double 变量的初始值是 0.0； char 变量的初始值是 '\0' Boolean 变量的初始值是 false	没有初始值，无法使用

当局部变量名与成员变量名重名时，在方法中优先使用局部变量。方法中使用成员变量可以使用关键字 this，this 代表当前类的当前对象。

```java
public class Student {
    // 类的属性定义
    String name;              // 姓名
    boolean isMale;           // 是否男性
    int age;                  // 年龄
    String favourite;
    // 方法定义
    public void display(){
        System.out.println("姓名: "+name+",性别: "
            + (isMale ? "帅哥" : "靓妹")+ ",年龄:"+age+", 爱好: "+favourite);
    }
    // 过滤爱好中的关键字
    public void filter(String favourite) {                    // 第13行
        int idx=this.favourite.indexOf(favourite);            // 第14行
        if (idx!=-1) {
            String substr1=this.favourite.substring(0, idx);
            String substr2=this.favourite.substring(idx + favourite.length());
            this.favourite=substr1+"*****"+substr2;
        }
    }
}
```

第 13 行中的方法参数也是局部变量，参数 favourite 与成员变量 favourite 重名，方法中优先使用参数 favourite。

第 14 行为了区分局部变量与成员变量，成员变量必须用 this 关键词，this 可以操作本类中的属性和方法。

this 访问本类中的属性和方法：

```java
this.属性名
this.成员方法名 (参数列表)
public static void main(String[] args){
    Student zhangsan= new Student();
    zhangsan.name="张三";
    zhangsan.isMale=true;
    zhangsan.age=22;
    zhangsan.favourite="打篮球, 谈恋爱";
    zhangsan.filter("谈恋爱");
    zhangsan.display();
}
```

运行结果：

```
姓名: 张三,性别: 帅哥,年龄:22, 爱好: 打篮球, *****
```

7.5　静态成员和对象成员

在学习过程中，已多次见到 static 关键字，表示静态的意思，用于修饰类的属性、方法等，称为类的静态成员。应用程序中，第一次加载类时，初始化静态成员变量，静态成员变量会一直到应用程序结束才被系统销毁。静态成员不依赖类的某一实例，因此调用静态成员时，可以使用类名直接调用。

7.5.1 静态属性

一个类产生多个对象时，每个对象都会在内存中为成员属性分配不同的空间（见图 7-5），类的方法不单独分配空间。而属性变量的作用域和生命周期同样适用于对象。只要对象存在，对象的成员属性就存在，一旦对象的内存空间被系统收回，成员属性的空间也被回收。

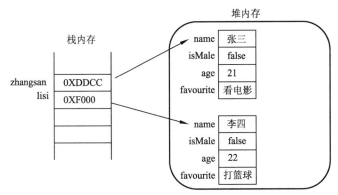

图 7-5　zhangsan 对象和 lisi 对象

经过 static 修饰过的成员变量（成员变量前加上 static 修饰符即可），称为静态变量，静态变量不依赖于任何对象存在，当类第一次被加载（任何一个对象的声明，首先要加载类）时，该类的静态变量就分配独立内存，直到应用程序结束才被回收，因此静态成员变量不依赖任何对象而存在。

访问静态变量的语法格式：

类名.静态变量名

静态变量的应用示例：

```
public class Test {
    static int num1=0;
    int num2;
    public void add(){
        num1++;
        num2++;
        System.out.println("num1=" + Test.num1 + ",num2=" + num2);
    }
    public static void main(String[] args){
        Test t1=new Test();
        t1.add();
        Test t2=new Test();
        t2.add();
        Test t3=new Test();
        t3.add();
        Test t4=new Test();
        t4.add();
    }
}
```

第 2 行定义一个静态变量 num1，就是在 num1 声明的时候前面加上修饰符 static。方法中的局部变量不能使用 static 修饰。

第 3 行定义一个普通成员变量 num2。

第 4 行在 add() 方法中对 num1、num2 都加 1。

第 7 行输出 num1、num2 的值。由于 num1 在类 Test 中，因此输出 Test.num1 时 Test 可以省略。

在 main() 方法中有 4 个 Test 对象 t1、t2、t3、t4，那么就有 4 个内存空间被分配，每个对象空间中只存在 num2 的空间。而 num1 不依赖于任何对象，如图 7-6 所示。

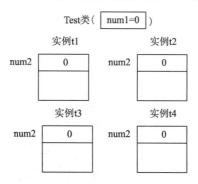

图 7-6　Test 类和它的实例对象

虽然在各个实例对象中没有分配 num1 变量，但是依然在程序中通过实例对象来访问这个变量。在分别调用 t1、t2、t3、t4 对象的 add() 方法时，num1 连续加 4 次结果是 4，而 num2 分别在自己的对象中加 1 次，因此 num2 的结果始终是 1。

运行结果：

```
num1=1,num2=1
num1=2,num2=1
num1=3,num2=1
num1=4,num2=1
```

静态变量与成员属性变量的比较如表 7-2 所示。

表 7-2　静态变量与成员属性变量

比　　　较	静　态　变　量	成员属性变量
作用域	当前类	当前类
生命周期	类加载到程序结束	从对象产生到对象回收
使用方法	类名.静态变量名	对象名.成员变量名

静态变量一般称为类变量，不依赖对象而存在；非静态成员变量称为实例变量，依赖对象而存在，必须先实例化对象，然后才能使用实例变量。

7.5.2　静态方法

静态方法就是在方法声明前加上 static 修饰符，第 6 章的方法就是用 public 和 static 同时修饰的方法，表示该方法是公共的，并且不依赖任何对象存在。静态方法和静态变量一样都不依赖对象而存在。使用静态方法的格式如下：

类名.方法名（参数列表）

静态方法在同一个类中被调用时，类名可以省略。普通成员方法必须在类实例化后才能被对象调用。静态方法与成员方法的比较如表7-3所示。

表7-3　静态方法与成员方法

比　　较	静　态　方　法	成　员　方　法
调用	类名.方法名（参数）	对象名.方法名（参数）
调用普通方法	不能直接调用	同一个类中可以直接调用
调用静态方法	类名.方法名（参数）	类名.方法名（参数）
访问静态变量	类名.静态变量名	类名.静态变量名
访问成员变量	不能直接访问	同一个类中可以直接访问
this 关键字	不能使用	可以使用

提示：main()方法是静态的，因此 JVM 在运行 main()方法时不创建 main()方法所在的类的实例对象，因此在 main()方法中不能直接访问该类中的非静态成员，必须创建该类的一个实例对象后，才能通过这个对象去访问类中的非静态成员。这也是为什么第 6 章讲述方法的时候，在方法前面都加上了 static 的原因。

7.6　构 造 方 法

构造方法是类中一个比较特殊的方法，这个特殊的方法用于创建类的实例，其最大的用处就是创建对象时进行初始化。当创建一个对象时，系统为这个对象的属性进行默认初始化，这种默认初始化把所有的基本数据类型属性的值设置为 0（数值类型）或者 false（布尔类型），将所有的引用类型的属性设置为 null。如果需要改变这种默认的初始化，可以通过定义一个构造方法来实现。

Java 中构造方法具备以下特征：

（1）构造方法名称必须与类的名称相同。

（2）不能有任何返回类型，包括 void。

（3）构造方法在对象实例化的时候被自动调用。

（4）如果类中没有定义任何构造方法，系统会为这个类提供一个无参数的构造方法，这个构造方法的方法体中没有任何代码。一旦定义了构造方法，则不再提供无参构造方法。

```
public class Student{
    String name;            // 姓名
    boolean isMale;         // 是否男性
    int age;                // 年龄
    String favourite;
    public Student(String name, Boolean isMale, int age, String favourite){
        System.out.println("构造方法被调用!");
        this.name=name;
        this.isMale=isMale;
        this.age=age;
        this.favourite=favourite;
```

```
    }
    // 方法定义
    public void display(){
        System.out.println("姓名: "+name+",性别: "
            + (isMale ? "帅哥" : "靓妹")+ ",年龄:"
            + age + ", 爱好: " + favourite);
    }
    public static void main(String[] args){
        Student student=new Student("小美",false,19,"唱歌");
        student.display();
    }
}
```

运行结果：

构造方法被调用！
姓名: 小美,性别: 靓妹,年龄:19, 爱好: 唱歌

> **问题：** 构造方法是创建 Java 对象的途径，是不是说构造方法完全负责创建 Java 对象呢？
>
> 构造方法是创建 Java 对象的重要途径，通过 new 关键字调用构造方法的时候，构造方法确实返回了该类的对象，但这个对象并不是完全由构造方法负责创建的。事实上，当调用构造方法时，系统首先为该对象分配内存空间，并为这个对象运行默认初始化，此时对象被创建出来。也就是说，当系统开始运行构造方法中的代码之前，已经创建了一个对象，只是这个对象不能够被外部程序访问，但在构造方法中，可以通过 this 来引用它。当构造方法整个运行完毕之后，这个对象作为构造方法的返回值被返回。

7.7　方法重载

在前面使用过：System.out.println(…)，在方法 println()的参数中，可以传入任何类型的参数。查看 JavaDoc 文档发现，有很多 println()方法，与此类似，在同一个类中一个方法名称可以定义多个方法，只要参数不同即可，称为方法重载。方法重载有利于方法调用的方便性。

> **提示：** Java 语言提供了大量的基础类，因此 Sun 也为这些基础类提供了对应的 API 文档，用于开发者使用这些类以及这些类中包含的方法。开发者可以登录 Oracle 官方网站下载 JDK 的 API 文档，这些文档称为 JavaDoc 文档。

思考一下，如何设计一个类，定义方法，实现两个数相加？

该问题看起来简单，但是基本数据类型中能够参与加法运算的就有 7 个，就算有数据类型兼容的情况，为了程序使用的方便性，要考虑 3 种类型：int、long、double。因此，两个数相加至少需要写 3 个方法才能够满足：

```
public class Calc {
    public int add(int num1, int num2){
        return num1+num2;
    }
    public long add(long num1, long num2){
        return num1+num2;
```

```
    }
    public double add(double num1, double num2){
        return num2+num2;
    }
}
```

第2、5、8行具有相同的方法名、不同的参数，这3个方法称为方法重载。

上面示例中的方法与下面方法是重载的：

```
public double add(int num1, float num2){
    return num1+num2;
}
public double add(int num2, float num1){
    return num2+num1;
}
public double add(float num1, int num2){
    return num1+num2;
}
public float add(int num1, float num2){
    return num1+num2;
}
public double add(int num1, float num2, double num3){
    return num1+num2+num3;
}
```

方法重载要求方法名相同，方法参数不同。方法参数不同包括：

（1）方法参数的数量不同。

（2）方法参数的类型不同。

（3）相同数量参数中，不同参数类型在方法参数列表中的顺序不同。

方法重载与返回值类型没有任何关系，与参数列表中参数名称没有任何关系。

构造方法也是方法，也可以重载，要遵循方法重载的要求。例如：

```
public class Student{
    // 类的属性定义
    String name;                // 姓名
    boolean isMale;             // 是否男性
    int age;                    // 年龄
    String favourite;
    public Student(String name, Boolean isMale, int age, String favourite){
        System.out.println("构造方法被调用！");
        this.name=name;
        this.isMale=isMale;
        this.age=age;
        this.favourite=favourite;
    }
    public Student(){
        System.out.println("无参构造方法被调用！");
    }
    public Student(String name,boolean isMale){
```

```
        this.name=name;
        this.isMale=isMale;
        System.out.println("无参构造方法被调用!");
    }
}
```

7.8　Java 中的程序包

7.8.1　包的定义

在计算机中保存各种文档时，会把不同用途、不同类型的文档按照用户的意愿，分别存放在不同的文件夹中，易于管理和查找。在复杂的文件系统中，文件分门别类地存储在不同的文件夹中，解决了文件的重名问题。在程序设计过程中，一个系统工程需要编写几百个甚至上千个类文件，也经常遇到类名相同的问题，并且由很多程序研发人员共同协作完成，很难保证不同的程序研发人员选择类名的时候，类名不冲突。Java 中使用不同的包管理类文件，类似于文件存储，Java 的类文件存储在不同的包中。在每一个类文件开头部分使用关键字 package 定义包。

```
package com.domian;
public class Student {
    //省略属性方法的定义
}
```

其中，package 只能放在程序类文件的最上面，com.domian 指该类文件会存放在 com 文件夹下的 domain 文件夹下。一个类文件只能有一个包声明语句。

在包中的类的全名是：包名.类名，称为类的全限定名。包名是 Java 程序设计中的重要组成部分，因此设计程序时，包的命名一定要注意规范。

> 问题：通常定义包的时候，使用以下的行业规范，这些规范不是 Java 语法规定的，而是 Java 开发行业中的一些约定：
> （1）包通常用小写字母组成，不能由圆点开头，包中尽量不要使用特殊字符。
> （2）包设计一般以公司的网站域名倒置的形式书写，比如甲骨文公司的网站域名是：oracle.com，那么甲骨文软件中的包都应该以 com.oracle 开头，然后是部门名称、项目名称、功能模块名称等。

总结出 Java 中包的作用：
（1）包把若干类组合到一起，易于查找和使用。
（2）防止命名冲突。Java 中的类文件只有在不同包中才能够重名。
包对类、类的成员变量、静态变量、成员方法和静态方法有保护作用。

7.8.2　系统包

Java 官方的 JDK 中定义了很多的类，称为类库，也称为 Java API（应用程序接口），程序员可以直接使用。前面已经使用过的 Java API 有：

```
java.util.Scanner
java.util.Random
```

表示 java.tuil 包下的 Scanner 类和 Random 类。Java 官方定义的常用包都是以 java 开头的，这些常用包如下：

（1）java.lang：包含了 Java 语言的核心类，如 String、Math、System 等。

（2）java.util：包含了大量的工具类，如后面的 Scanner、Random 等。

（3）java.net：包含了一些 Java 网络编程的相关类。

（4）java.io：包含了一些 Java 输入/输出操作的相关类。

（5）java.text：包含了一些 Java 格式化的相关类。

（6）java.sql：包含了 Java 对数据库操作的相关类。

（7）java.awt 和 java.swing：包含了 Java 下图形界面程序开发的相关类。

7.8.3　import 关键字

在程序设计中，经常会在一个类中使用另外一个包中的类（比如前面用过的 Scanner 类和 Random 类），有两种使用方法：

（1）在程序中直接使用类的全限定名，这种方法便于程序阅读，但是书写麻烦，每次都要写很多辅助的包名。

（2）为了简化程序设计，可以在类定义的前面把需要使用的类用 import 关键字导入。程序中就可以直接使用类。导入类的语法如下：

```
import 包名.类名
```
　　或者
```
import 包名.*
```
两种导入类文件的区别：前者只是导入包名中的某一个类，后者是把该包中的所有类全部导入。import 语句放在类文件的 package 和类定义之间，位置不能颠倒。比如，使用 Scanner 和 Random 就可以这样导入：

```
import java.util.Scanner;
import java.util.Random;
```
　　或者
```
import java.util.*;
```
　　导入之后的程序中就可以直接使用：
```
Scanner input=new Scanner(System.in);
Random rdm=new Random();
```
为了保持良好的代码风格，程序设计中尽量要把每个类定义在某个包中。在程序使用之前先导入，再使用。但是，String 类和 System 类为什么不需要导入就可以直接使用呢？他们都位于 java.lang 包中，该包定义了 Java 语言的核心类。Java 规定，java.lang 包中的类不用导入就可以直接使用。

7.9　面向对象中的封装

7.9.1　面向对象概述

面向对象(Object Oriented,OO)是当前计算机程序设计领域关注的重点，它是 20 世纪 90 年代以来软件开发方法的主流。起初，"面向对象"专指在程序设计中采用封装、继承、抽象等设计方法。目前，面向对象的思想已经涉及软件开发的各个方面。

面向对象的分析（Object Oriented Analysis，OOA）：在软件开发过程中，面对一个新的项目启动时，第一件事是项目需求分析，把项目中用到的方方面面，包括数据及数据之间的联系都转化为对象的数据，以及对象之间的联系。比如，要做一个 ATM 机自助系统，首先考虑的是，在该系统中存在哪些对象（银行、用户、ATM 机本身……），对象之间有哪些联系。

面向对象的设计（Object Oriented Design，OOD）：把分析阶段得到的需求转变成符合成本和质量要求的系统实现方案的过程。在 ATM 机自助系统的分析中，确定了需要哪些对象，对象之间需要哪些联系。面向对象设计是根据分析设计出系统需要哪些类、类中需要哪些属性和方法、类之间的关联等。

面向对象的编程（Object Oriented Programming，OOP）：就是把设计出的类用代码实现。

面向对象最大的特点是，程序研发人员可以根据具体的问题，设计出任何需要的类，用来解决问题。面向对象是软件开发中的一种思想，一种思考问题、分析问题、解决问题的方式。学习面向对象需要从最基本的概念入手。

7.9.2 封装

面向对象的封装可以把对象的属性和方法组合在一起，统一提供对外访问权限，封装可以将对象的使用者和设计者分开，设计者可以设计出外部可以操作的内容和只能内部操作的内容。使用者只能使用设计好的内容，却看不见设计者是如何实现的。就像计算机是由 CPU、内存和各种外设组成的，对于计算机用户来说，只能使用这些部件，但是看不见这些部件的内部结构。

在程序设计中，类把数据和方法封装到一起，对数据和方法操作起到保护作用。比如，经常使用的

```
java.util.Scanner input=new java.util.Scanner(System.in);
input.nextInt();
```

对于程序员来说，只知道 java.util.Scanner 类，通过查找 JDK 帮助文档可以知道该类有哪些属性和方法能够使用。但是 Scanner 类的内部实现不需要关心，只需要使用即可。

程序研发人员自己设计的类，另外的程序使用时，如何控制外部程序对本类的访问呢？需要使用修饰符 public、private 和 protected 来控制对属性和方法的访问。

（1）public 表示公共的，用 public 的修饰的属性和方法，其他任何类都可以访问，这是最开放的访问权限。前面学过的方法都是用 public 修饰的，其他类都可以自由地访问以 public 修饰的方法。

（2）private 表示私有的，用 private 修饰的属性和方法，其他任何类均不能访问，只能在当前类内部被访问。

（3）protected 表示受保护的，用 protected 修饰的属性和方法，允许相同包中的其他类（包括子类）或非相同包的子类访问。

此外，还有一个缺省修饰符，就是在类和方法前面没有任何修饰符，缺省修饰符的属性和方法可以允许相同包中的其他类进行访问，不允许其他包中的类（包括子类）访问。

修饰符的应用示例：

```
package com.mydomian;
public class Student {
    public Student(){…}
```

```
//类的属性定义
private String name;              //姓名
private boolean isMale;           //是否男性
private int age;                  //年龄
private String favourite;         //爱好
//方法定义
public void display(){…}
private String getSexStr()  {
    return isMale?"帅哥":"靓妹";
}
protected void study(){…}
public void filter(String favourite){…}
}
```

一般情况下，属性用 private 修饰，为了 private 修饰的属性能被外部访问，通常为属性定义一组 get/set 方法，称为属性访问器。属性访问器的格式如下：

```
private String favourite;         //爱好
private boolean isMale;           //是否男性
public String getFavourite(){
    return favourite;
}
public void setFavourite(String favourite){
    this.favourite=favourite;
}
public boolean isMale(){
    return isMale;
}
public void setMale(boolean isMale){
    this.isMale=isMale;
}
```

如果只有 get() 方法，没有 set() 方法，称为只读属性；如果只有 set() 方法，没有 get() 方法称为只写属性。

> **提示**：一个类的类名要和保存的文件名一致，有不一致的情况吗？
>
> 一般情况下，一个类保存到一个文件中，该类声明为 public，但是在一个文件中也可以有多个类声明，但是只能有一个类是 public 的，并且保存的文件名必须与 public 类的类名相同。

7.10　面向对象中的继承

现实中的类是有层次概念的。比如，白马是马，马是哺乳动物，哺乳动物是动物。白马、马、哺乳动物、动物都是类，它们是父类与子类的关系。动物是哺乳动物的父类，哺乳动物是动物的子类又是马的父类（在程序设计中父类也称为基类、超类）。

那么，如何采用程序设计实际模拟这个层次关系呢？

如果有一个类是动物类 Animal，那么 Animal 类中的所有属性和方法在哺乳动物 Mammalian 类中会全部被继承。同样，白马会自动继承马的所有属性和方法。

7.10.1 extends 关键字

Java 中继承使用 extends 关键字实现，子类继承父类的所有属性和方法（构造方法除外）。

（1）Horse 类：

```
package com.mydomian;
public class Horse{
    private String name;
    public Horse(String name){
        this.name=name;
    }
    public Horse(){}
    public String getName(){
        return name;
    }
    public void setName(String name){
        this.name=name;
    }
    protected void eat(){
        System.out.println(name+"在吃饭......");
    }
}
```

（2）WhiteHorse 类，从 Horse 类继承：

```
package com.mydomian;
public class WhiteHorse extends Horse{        //第2行
    public static void main(String[] args) {
        WhiteHorse horse=new WhiteHorse();
        horse.setName("飞飞");                //第5行
        horse.eat();                         //第6行
    }
}
```

第 2 行 WhiteHorse 继承 Horse 类，用关键字 extends，WhiteHorse 类中没有重新定义任何属性和方法。

第 5 行调用 WhiteHorse 类中的 setName()方法，setName()方法是从父类继承过来的。

第 6 行调用 WhiteHorse 类中的 eat()方法，eat()方法是从父类继承过来的。

在 Java 继承中，子类可以访问父类的 public、protected 修饰的属性和方法，不能访问父类中 private 修饰的属性和方法。如果子类与父类不在同一个包中声明，那么父类中使用缺省修饰符的属性和方法在子类中不能被访问。不同修饰符下的属性和方法的访问权限如表 7-4 所示。

表 7-4 不同修饰符下的属性和方法的访问权限

内　容	public	protected	缺　省	private
同类访问	√	√	√	√
同包其他类访问	√	√	√	×
同包子类访问	√	√	√	×
不同包子类访问	√	√	×	×
不同包非子类访问	√	×	×	×

7.10.2 方法重写与 super 关键字

子类扩展了父类，子类是一个特殊的父类。大部分时候，子类总是以父类为基础，额外增加新的属性和方法。但很多时候，子类需要重写父类的方法。比如，鸟类都包含了飞的方法，而鸵鸟是一种特殊的鸟，所以它应该是鸟的子类，从鸟类继承了飞的方法，但这个飞的方法显然是不适合鸵鸟的，因此鸵鸟需要重写鸟类的方法。

（1）Bird 类：

```
package com.domian;
public class Bird{
    public void fly(){
        System.out.println("在天空飞翔....");
    }
}
```

（2）Ostrich 类：

```
package com.domian;
public class Ostrich extends Bird{
    public void fly(){
        System.out.println("只能在地上跑...");
    }
    public static void main(String[] args){
        Ostrich ostrich=new Ostrich();
        ostrich.fly();
    }
}
```

代码运行后，发现 ostrich.fly()方法运行的是在 Ostrich 类中定义的 fly()方法。如果此时子类中没有定义 fly()方法，那么调用的就是从父类中继承过来的 fly()方法。这种子类包含与父类同名方法的现象称为方法重写，也称为方法覆盖(Override)。可以理解成子类重写了父类的方法，也可以说子类覆盖了父类的方法。

当子类覆盖了父类方法后，子类的对象将无法访问父类中被覆盖的方法，但还可以在子类方法中调用父类中覆盖的方法。此时，可以使用 super 关键字来调用父类中被覆盖的方法，super 表示直接父类对象的默认引用。

Ostrich 类：

```
package com.domian;
public class Ostrich extends Bird{
    public void fly(){
        super.fly();                //调用父类中被覆盖的 fly()方法
        System.out.println("只能在地上跑...");
    }
}
```

子类不会获得父类的构造方法，但有时子类构造方法需要调用父类的构造方法来进行初始化，此时可以使用 super 关键字来调用父类的构造方法。语法为：

```
super(参数1,参数2....)
```

调用文类构造方法示例：

```
class Bird {
```

```
    private String name;
    public Bird(String name){
        this.name=name;
    }
}
class Ostrich extends Bird{
    public Ostrich(String name){
        super(name);                //调用父类的无惨构造方法
    }
}
```

正如 this 不能出现在 static 修饰的方法中一样，super 也不能出现在 static 方法中。static 修饰的方法是属于类的，在没有实例化对象的情况下通过类直接调用，也就不存在对应的父对象，所以 super 引用也就失去了意义。

如果父类方法具有 private 访问权限，则该方法对其子类是隐藏的，因此其子类无法访问该方法，也就是无法重写该方法。如果子类中定义了一个与父类 private 方法完全一样的方法，依然不是重写，只是在子类中重新定义了一个新方法。

7.10.3　子类对象实例化过程

定义如下 3 个类：

```
class A{
    public A(){
        System.out.println("这是A类");
    }
}
class B extends A{
    public B(){
        System.out.println("这是B类");
    }
}
class C extends B{
    public C(){
        System.out.println("这是C类");
    }
}
```

在 main() 方法中实例化 C 类：

```
public static void main(String[] args){
    C c=new C();
}
```

运行结果：

```
这是A类
这是B类
这是C类
```

为什么 A、B 类中的构造方法也运行了，而且 A 构造方法最先运行，B 其次，最后才是 C？这需要了解子类对象实例化的过程。具体步骤如下：

（1）当使用 new 操作符实例化子类对象时，首先为子类中的属性设置初始值。

（2）将参数传递给调用的构造方法。

（3）查看造方法方法体中的第一行是否有 this()，或者 super()调用，this()表示调用重载的其他的构造方法，super()表示调用父类的构造方法。如果有，则流程跳转到第（2）步，如果没有此时会默认调用父类的无参构造方法，流程跳转到第（2）步。这种调用情况一直追溯到 Object 类，(Object 类是所有类的父类，后面会讲到)。

（4）运行当前构造方法体中的方法。

实例中运行 new C()代码时，C 构造方法中没有 this()也没有 super()，所以默认调用 B 的无参构造方法，B 的无参构造方法第一行也没有 this()、super()，所以默认调用 A 的无参构造方法，而 A 是从 Object 继承而来(Java 中如果一个类没有使用 extends 关键字指定继承的父类，则默认从 Object 类继承)，A 的无参构造方法中依然没有 this()和 super()，所以调用 Object 类的无参构造方法，Object 的无参构造方法体中没有任何代码，运行完毕之后，开始运行 A 无参构造方法体中的代码，于是"这是 A 类"首先被打印，然后 B 类构造方法体开始运行，最后才是 C 类构造方法的方法体。

基于上面的原因，定义类的时候，需要注意：

- this()或者 super()必须是构造方法方法体的第一行代码，并且两者不能同时出现。
- 子类对象实例化之前，必须调用父类的构造方法，可以使用 super 关键字指定调用父类的哪个构造方法，这叫作显示调用。如果没有指定默认调用父类的无参构造方法，或者此时父类中没有无参构造方法，则编译出错，这种调用方式称为隐式调用。

7.10.4 Object 类

在 Java 中，java.lang.Object 类是所有类的父类，当一个类没有使用 extends 关键字显式继承其他类的时候，该类默认继承了 Object 类，因此所有类都是 Object 类的子类，都具有 Object 类的方法和属性。Object 类的常用方法如表 7-5 所示。

表 7-5 Object 类的常用方法

返 回 类 型	方 法 名	方 法 说 明
Object	clone()	创建并返回此对象的一个副本
boolean	equals(Object obj)	指示其他某个对象是否与此对象"相等"
void	finalize()	当垃圾回收器确定不存在对该对象的更多引用时，由对象的垃圾回收器调用此方法
int	hashCode()	返回该对象的哈希码值
String	toString()	返回该对象的字符串表示

7.11 面向对象中的多态

多态是不同环境下的多种形态，这句话很抽象，先看一个例子："山上的老虎在厮杀"，老虎是一个类，如果是在东北，这里的老虎就指东北虎；如果是在华南，这里的老虎就指华南虎；如果是在孟加拉国，这里的老虎就指的是孟加拉虎。如果老虎是父类，华南虎是子类，那么从面向对象的角度出发，华南虎对象也是老虎，这时调用老虎的一个方法：厮杀，那么具体厮杀的就是华南虎对象。

面向对象中的父类与子类之间的关系实际上是一种"is-a"的关系。比如，定义一个父类 Human(人类)，再定义 Human 的两个子类，American（美国人）和 Chinese(中国人)，那么就可以说，美国人是人，中国人也是人。编码的时候可以编写这样的代码来表达这种"is-a"的关系：

```
American american=new American();
Chinese chinese=new Chinese();
Human human=null;
human=american;                    // american is human
human=chinese;                     // chinese is human
```

或者：

```
Human human=null;
human =new new American();         //merican is human
human=new Chinese();               // chinese is human
```

多态在面向对象程序设计中，就是把子类的对象赋值给父类的引用，如果子类重写了父类的方法，那么用父类的引用调用方法的时候，具体运行方法的是子类中定义的方法还是父类中定义的方法呢？

为了搞清上面的问题，通过运行下面的代码来进行验证。

定义一个父类 Human，所有的人类都有吃饭的方法，在这个类中定义一个 eat()方法；定义一个 Chinese 类继承 Human，并重写 Human 类中的 eat()方法；定义一个 American 类，并继承 Human，并重写 Human 类中的 eat()方法，代码如下：

```
public class Human {
    public void eat(){
        System.out.println("Human 中的 eat 方法");
    }
}
public class Chinese extends Human{
    public void eat(){
        System.out.println("Chinese 使用筷子吃饭");
    }
}
public class American extends Human{
    public void eat(){
        System.out.println("American 使用刀叉吃饭");
    }
}
```

编写一个类，添加 main()方法：

```
public class Test {
    public static void main(String[] args) {
        American american=new American();
        Chinese chinese=new Chinese();
        Human human=null;
        human=american;                          // american is human
        human.eat();
        human=chinese;                           // chinese is human
        human.eat();
    }
}
```

运行程序运行之后，输出：

American 使用刀叉吃饭
Chinese 使用筷子吃饭

main()方法的第 3、4 行分别实例化了两个对象,内存图如图 7-7 所示。第 5 行定义了一个 human
类型的变量，没有指向任何实例对象。

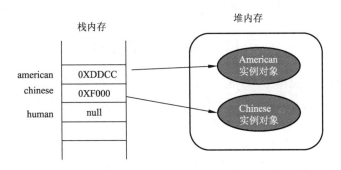

图 7-7　内存图（一）

第 6 行将 american 指向的实例对象赋值给 human，第 7 行调用 eat()方法时，调用的是 human
实际指向的对象中的 eat()方法，输出"American 使用刀叉吃饭"，内存图如图 7-8 所示。

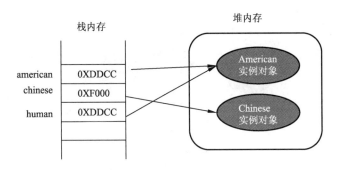

图 7-8　内存图（二）

第 8 行将 chinese 指向的实例对象赋值给 human,第 9 行调用 eat()方法的时候,调用的是 human
实际指向的对象中的 eat()方法，输出"Chinese 使用筷子吃饭"，内存图如图 7-9 所示。

可以看到，同样的代码 human.eat()，运行的方法体却不一样，这就是面向对象的多态性。

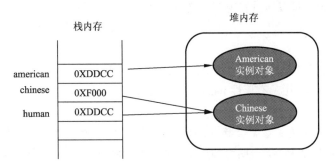

图 7-9　内存图（三）

提示：多态的要点如下。

（1）父类的变量可以指向子类的实例对象。

（2）子类重写父类的方法。

（3）当父类的一个变量指向一个子类对象的时候，调用的方法如果被子类重写了，则调用子类的方法；如果没有重写，则调用父类的方法。

7.12　抽象类和接口

类与类之间总体上来说存在 "is-a" 关系和 "has-a" 关系，其中 "is-a" 关系就是继承关系。比如，白马是马，马是哺乳动物，哺乳动物是动物，它们之间是继承关系。"has-a" 关系是聚合关系，比如计算机是由显示器、CPU、硬盘等组成的，那么应该把显示器、CPU、硬盘这些类聚合成计算机类，而不是从计算机类继承。也就是说，计算机、显示器、CPU、硬盘都定义成类，但是显示器、计算机、CPU、硬盘都作为计算机类的属性存在。

任何一个类在设计时都应考虑其父类，在 Java 中，一个类只能有一个父类，父类是更抽象的本质内容，任何一个类都直接或间接地继承 Object 类，继承无处不在。一个类可以完成很多功能，同样的功能可以被很多类实现。因此，设计一个类时，要考虑类的父类和要完成的功能，如图 7-10 所示。

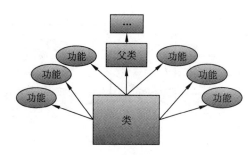

图 7-10　类与父类功能

类的继承中，子类拥有父类的所有属性和方法，父类的某些方法实现在子类中可能不够全面，而要求在子类中重写，这时父类经常设计成为抽象类，抽象类的某些方法只有声明没有实现。子类除了继承父类的属性和方法外，每个类还包含很多其他的功能（也就是方法），这时经常把功能方法抽象为接口，接口中只声明方法，要求具体的类实现该方法。Java 中每一个类只能有一个父类（包括抽象类），但是可以同时实现多个接口。

7.12.1　抽象类

抽象类是为了实现多态，并优化继承结构的。下面举例说明：

在一个宠物类（Pet）中，有属性 name、方法 shout()。子类 Dog 和 Cat 分别继承 Pet 类，并且重写了 shout() 方法。

由于 Pet 类的目的是为了让子类继承，shout() 方法在 Pet 类中实现没有任何意义，可以在子类中具体实现，因此可以把 Pet 类声明为抽象类。抽象类是使用 abstract 修饰的类，在声明抽象类的方法时，方法可以不用实现，称为抽象方法，抽象方法需要使用 abstract 修饰。包含抽象方法的类必须声明为抽象类。在抽象类 Pet 中就不需实现 shout()方法。

下面是 Pet 类的实现:

```
Public abstract class Pet{
    private String name;
    public String getName(){
        return name;
    }
    public void setName(String name) {
        this.name=name;
    }
    public Pet(String name){
        super();
        this.name=name;
    }
    public Pet(){
        super();
    }
    public abstract void shout();
}
```

第 1 行用 abstract 关键字修饰的类就是抽象类。

倒数第 2 行的抽象类中允许方法不进行具体实现，该方法称为抽象方法。

Cat 子类和 Dog 子类代码:

```
class Cat extends Pet{
    public Cat(){
        super();
    }
    public Cat(String name){
        super(name);
    }
    public void shout(){
        System.out.println(this.getName()+"在喵喵地叫......");
    }
}
class Dog extends Pet{
    public Dog(){
        super();
    }
    public Dog(String name){
        super(name);
    }
    public void shout(){
        System.out.println(this.getName()+"在汪汪地叫......");
    }
}
```

抽象类可能只提供一个类的部分实现，因此 abstract 类不能实例化。抽象类可以有成员变量（成员变量也叫实例变量，静态变量也叫类变量），以及一个或多个构造方法，这些构造方法不能被客户端调用来创建实例，抽象类的构造方法可以被其子类用 super 来调用。子类继承抽象类时，也继承了抽象方法，如果没有实现抽象方法，则该子类依然是一个抽象类，子类应该使用 abstract

关键字修饰。直到子类实现了抽象类中所有的抽象方法后，子类才能被实例化。

抽象类可以同时拥有抽象方法和具体方法,抽象类使所有子类都可以有一些共同的实现方法，而不同的子类可以在此基础上对抽象方法做具体的实现。

抽象类的设计原则：

（1）抽象类是用来继承的，只要有可能，不要从具体类继承。

（2）假设有 2 个具体类，类 A 和类 B，类 B 是类 A 的子类，那么一个最简单的修改方案是应当建立一个抽象类 C（或者接口，后面讲解），然后让类 A 和类 B 成为抽象类 C 的子类。

抽象类应当拥有尽可能多的共同代码，以提高代码的复用率。

7.12.2　接口

接口在现实生活中经常遇到，比如，电线插座和插头，螺钉帽的规格，计算机主板上各种插槽等。接口就是规定了一系列的规格、标准、动作等，不做具体的实现。

一个类中如果不存在数据，只存在抽象方法时，就可以声明为接口，接口使用 interface 来声明。

```
public interface Pet {
    String getName();
    public abstract void shout() ;
}
```

第 1 行用 interface 关键字声明接口。接口中的方法不能实现，默认修饰符是 public abstract。

接口与类是并列的概念，类可以被类继承，接口只能被类实现。实现接口使用关键字 implements，一个类同时可以实现多个接口中的方法，实现多个接口时，接口之间用逗号分隔。

```
public class Cat implements Pet {
    private String name;
    public Cat(){
        super();
    }
    public void shout(){
        System.out.println(this.getName()+"在喵喵地叫…");
    }
    public void setName(String name){
        this.name = name;
    }
public String getName(){
        return this.name;
    }
}
```

第 1 行实现接口用 implement 关键字，类 Cat 实现了 Pet 接口，默认继承了 Object 类。接口中的所有方法必须全部实现，如果只是部分实现，该类就是抽象类。

当一个类实现了接口之后，这个类与接口之间就是一种"is-a"的关系，所以可以使用接口的变量指向实现了该接口的对象，即以下代码：

```
Pet cat=new Cat();
```

7.12.3　抽象类与接口的比较

（1）abstract class 在 Java 语言中表示的是一种继承关系，一个类只能使用一次继承关系。但是，一个类却可以实现多个 interface。

（2）在 abstract class 中可以有自己的数据成员、非 abstract 的成员方法和 abstract 方法，而在 interface 中，只能够有静态的不能被修改的数据成员（也就是必须是 static final 的），所有的成员方法都是 public abstract 的。

（3）实现抽象类和接口的类必须实现其中的所有抽象方法。抽象类中可以有非抽象方法实现，而接口中不能有方法实现。

（4）一般情况下，在使用继承的时候，优先考虑定义接口，其次考虑定义抽象类。

7.13　final 修饰符

final 是"最终"的意思，final 关键字在 Java 中可以修饰类、成员方法、成员变量和局部变量。

final 修饰的类表示"最终的类"，该类不能被继承。以前使用过的很多类都是 final 类，比如 String 类、System 类、java.util.Scanner 类等。声明 final 类的方法如下：

```
public final class 类名{…}
```

final 修饰的方法，不能在子类中重写；final 修饰的变量（称为常量），其值将不能重新赋值。

```
public final class Dog implements Pet{
    public static final int DOG_TYPE_HOUNDS=1;      //用 1 表示猎犬
    public static final int DOG_TYPE_HERDING=2;     //用 2 表示牧羊犬
    public final void shout() {
    }
    public String getName() {
        return null;
    }
}
```

Java 中的常量一般由 static final 同时修饰。常量的命名一般是使用大写字母，多个单词之间用下画线分隔。

用 public static final 定义的常量可以在类中，也可以在接口中。

> 问题：为什么定义常量要用 static final？
> 常量的值不能修改，因此需要用 final 来修饰，因为常量值是固定的，没有必要出现在每一个对象中，使用 static 修饰可以共享数据，节省内存空间。

7.14　Java 中的枚举

在程序设计中，有些对象是有限且固定的，比如星期、季节、月份等。这些类的实例固定且有限。Java 中可以通过枚举实现。

比如定义一个季节类，该类只能有 4 个对象。那么传统的定义方法如下：

```
public class Season{
    private String name;
    private String desc;
    private Season(String name, String desc){        //第 4 行
        super();
        this.name=name;
        this.desc=desc;
    }
    public String getDesc(){
```

```
    return desc;
  }
  public String getName(){
    return name;
  }
  public static Season SPRING=new Season("春天","鸟语花香");    //第15行
  public static Season SUMMER=new Season("夏天","烈日炎炎");
  public static Season AUTUMN=new Season("秋天","秋高气爽");
  public static Season WINTER=new Season("冬天","白雪皑皑");
}
```

第 4 行中 Season 类只有 4 个对象，可以把第 15～18 行中的 4 个对象作为常量定义在 Season 类中。构造方法设计为 private，外部程序中不能实例化 Season 类。在外部使用的时候，可以用 Season.SPRING 来表示 Season 的一个对象。

像定义季节类这种情况在程序设计中经常会用到。Java 中引入了 enum 关键字定义枚举来解决类似的问题。定义枚举和定义类很相似。

```
public enum SeasonEnum{
    SPRING,SUMMER,AUTUMN,WINTER;
}
```

用 SeasonEnum.SPRING 表示一个 SeasonEnum 对象。该枚举定义与上面示例中 Season 类的定义实质一样。枚举是一种特殊的类，称为枚举类。在定义枚举时要注意：

（1）枚举类默认继承了 java.lang.Enum 类，而不是 Object。而 java.lang.Enum 实现了 java.lang.Serializable 和 java.lang.Comparable 两个接口。

（2）枚举类可以有自己的构造方法，但构造方法必须是 private 访问控制符。如果省略了其构造方法的访问修饰符，则默认使用 private 修饰，如果强制指定访问修饰符，则只能是 private 修饰符。

（3）枚举类的所有实例必须在定义时显式地列出，称为枚举值，枚举值之间用逗号分开。

（4）每个枚举实例都有一个 values 方法，该方法返回枚举类定义的所有枚举值。

枚举值之间的比较可以使用双等号（==）、equals。

枚举对象的常用方法如表 7-6 所示。

表 7-6　枚举对象的方法

返　　回	方　　法	说　　明
int	compareTo(E o)	比较枚举对象的定义顺序，如果指定的枚举值在当前枚举的前面（后面）返回正值（负值）
String	name()	返回此枚举实例的名称
int	Ordina()	返回当前枚举在定义中的索引值，从零开始

第 8 章

异 常

异常指不期而至的各种状况，例如，文件找不到、网络连接失败、非法参数等。异常是一个事件，它发生在程序运行期间，干扰了正常的指令流程。Java 通过 API 中 Throwable 类的众多子类描述各种不同的异常。因而，Java 异常都是对象，是 Throwable 子类的实例，描述了出现在一段编码中的错误条件。当条件生成时，错误将引发异常。

8.1　异常的概念

在程序运行中，不可能总是一帆风顺，可能会出现各种问题。比如两个数相除，除数为零；数组访问越界；强制类型转换异常；网络通信中数据传输错误。如果程序中出现异常不及时处理，程序会自动挂起或者终止。为了让程序能在出现错误后恢复过来，Java 中采取了异常处理机制，对出现的错误进行处理，这样就能使得程序从错误中恢复过来，继续向下运行，以增强程序的容错能力，提高程序的健壮性。

8.2　异常的类型

Java 中的异常用对象来表示。Java 对异常的处理是按异常分类处理的，不同异常有不同的分类，每种异常都对应一个类型，每个异常都对应一个异常（类的）对象。

异常类有两个来源：一是 JDK 库中定义的一些基本异常类型；二是用户通过继承 Exception 类或者其子类自己定义的异常。

首先看一下 JDK 中已经定义好的这些异常类，以及它们之间的关系，如图 8-1 所示。

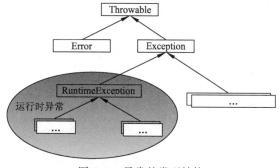

图 8-1　异常的类型结构

Throwable 类继承自 Object，Error 和 Exception 类用于处理 Java 中的异常。Throwable、Error 和 Exception 类的实例和它们子类的实例都被 JVM 识别为异常对象。

Error 和 Error 的子类被识别为致命的、程序无法修复的错误，这些错误很罕见，比如，VirtualMachineError，程序设计中大多都认为这类问题不希望用户的程序捕获它们，因此，程序中除非遇到特殊情况，一般不处理 Error 问题。

Exception 类型的异常，被认为是可控制的异常，可以在应用程序中捕获并处理，其子类 RuntimeException 称为运行时异常。该类异常，基本上经过程序员努力可以避免，比如，除数为零的情况下，只需要整除前判断除数即可，因此这类异常应用程序中可以捕获。一般测试程序时，这类异常都能测出来。

另外是非运行时异常，该类异常直接或间接继承自 Exception 类，要求程序中必须用 try、catch 进行处理，程序在编译时就会检查程序是否对该类异常进行了处理，如果程序中不捕获非运行时异常，程序将无法通过编译。

表 8-1 中列出了程序中常见的异常。

表 8-1　程序中常见的异常

异　　常	说　　明
Exception	异常层次结构的根类
RuntimeException	运行时异常的根类，RuntimeException 及其子类不要求必须处理
ArithmeticException	算术运算异常，比如：除数为零，属于运行时异常
IllegalArgumentException	方法接收到非法参数，属于运行时异常
ArrayIndexOutOfBoundsException	数组越界访问异常，属于运行时异常
NullPointerException	尝试访问 null 对象的成员时发生的空指针异常，属于运行时异常
IOException	IO 异常的根类，属于非运行时异常
FileNotFoundException	文件操作时，找不到文件，属于非运行时异常

有了异常类型，那么异常的对象从哪里来？有两个来源：一是 Java 运行时环境自动抛出系统生成的异常对象，而不管是否愿意捕获和处理，它总要被抛出，比如，除数为 0 的异常；二是程序员自己抛出的异常，这个异常可以是程序员自己定义的，也可以是 Java 语言中定义的，用 throw 关键字抛出异常，这种异常常用来向调用者汇报异常的一些信息。

8.3　try...catch 关键字

在有可能出现异常的地方使用 try 关键字包围，一旦出现异常，就会生成一个异常对象，然后就会在下面的 catch 中查找有没有能匹配上的异常类型，如果匹配上了，则运行 catch 块中的代码，处理完异常对象之后，程序接着运行 catch 块后面的代码。

8.3.1　基本语法

语法结构如下：

```
try{
    //正常程序
    ...
```

```
}
catch (异常类型 异常对象) {
//异常处理
...
}
//其他程序
```

运行下面的代码:

```
public class Test{
    public static void main(String[] args){
        int a=10,b=0;
        int result=a/b;
        System.out.println(result);
        System.out.println("程序正常结束");
    }
}
```

程序运行之后,出现错误,控制台上并没有看到"程序正常结束"输出。这是因为程序运行除法的时候,除数为 0,运行环境此时自动创建一个异常对象,这个异常对象为 ArithmeticException 类型,然后将这个对象抛出,但是程序中没有对这个异常对象做任何处理,所以整个程序就会中断退出。

使用 try...catch 关键字对系统中出现的异常进行抓取:

```
public class Test{
    public static void main(String[] args){
        int a=10,b=0;
        try{
            int result=a/b;
            System.out.println(result);
        }catch(ArithmeticException ex){
            System.out.println("出现异常!"+ex.getMessage());
        }
        System.out.println("程序正常结束");
    }
}
```

运行之后,发现"程序正常结束"在控制台上输出。因为第 5 行代码运行之后,系统生成了一个 ArithmeticException 类型的异常对象,此时就会与第 7 行代码处 catch 小括号中声明的异常类型进行匹配,如果异常对象就是声明的类型或者声明类型的子类对象,则匹配成功,此时程序就会运行到第 8 行处。所有异常对象都有一个 getMessage()方法用于获取异常的描述信息,这称为捕获了异常对象,之后程序就会运行 catch 块后面的代码也就是第 10 行处的代码,程序正常结束。

可以看到,使用 try...catch 语句将异常对象"抓住"处理之后,程序从错误中"恢复"过来。

8.3.2 多重 catch 块

在异常处理中,一个 try 块中的代码可能出现多种异常,那么异常处理中就可以包含有多个 catch,称为多重 catch。

```
public class Test{
    public static void main(String[] args){
        int a=10,b=1;
        try{
            int result=a/b;                //第5行
            String str=null;
            System.out.println(result);
            System.out.println(str.length());
        }catch(ArithmeticException ex){
            System.out.println("出现异常!"+ex.getMessage());
        }catch(NullPointerException ex){
            System.out.println("出现异常!"+ex.getMessage());
        }
        System.out.println("程序正常结束");
    }
}
```

第 5 行代码处有可能会抛出 ArithmeticException 类型的对象，而第 8 行代码处有可能抛出 NullPointerException 异常，这两种异常都需要进行捕获，此时需要使用多重 catch 块。

在多个 catch 处理同一个 try 中的异常时，父类异常要尽可能放到后面。因为发生异常的时候，系统把异常对象从上到下进行匹配，如果匹配上就立即处理，而它后面的异常就没有作用了。

在企业开发中，不能因为方便，就用一个 Exception 把所有的异常一次性捕获。建议采用多重 catch 的形式进行异常处理。在多重 catch 异常处理中，try 中引发的每一个异常都需要存在对应的 catch 块处理。

8.4　finally 关键字

在程序运行过程中，一旦发生异常，程序就会终止 try 块中后续的代码，从而转到异常处理 catch 块中运行，但是往往有些情况下不管异常是否发生，都必须运行一些代码，比如文件打开后不论是否发生异常，都需要文件关闭；数据库连接打开后不论是否发生异常，都需要关闭数据库连接。Java 异常处理机制中用 finally 块进行最终处理。

finally 块是可选的，finally 块的前提是必须有 try 块存在。finally 块放在 try…catch 后面，不论是否发生异常，最后都要运行 finally 中的内容，如图 8-2 所示。

图 8-2　finally 运行顺序

```
public class Test{
public static void main(String[] args){
    int a=10,b=1;
    try{
        int result=a/b;
        String str=null;
        System.out.println(result);
        System.out.println(str.length());
    }catch(ArithmeticException ex){
```

```
        System.out.println("出现异常!"+ex.getMessage());
    }catch(NullPointerException ex){
        System.out.println("出现异常!"+ex.getMessage());
    }finally{
        System.out.println("运行 finally 块");
    }
    System.out.println("程序正常结束");
    }
}
```

> **问题**：程序遇到 return，就会停止 return 后面的代码自动返回，如果在 try 块或者在 catch 块中出现 return，那么 finally 块中的内容还会运行吗？
>
> finally 中的内容在 try 或者 catch 块运行结束后运行，try 或者 catch 中遇到 return 后，首先运行 finally 块中的内容，然后返回。

finally 块不能单独使用，必须与 try 块配合使用，以下 3 种语法都是正确的：

```
try{
    …
}catch(异常类型  e){
    ….
}finally{
    …
}
```

```
try{
    …
}finally{
    …
}
```

```
try{
    …
}catch(异常类型  e){
    …
}
```

8.5   运行时异常与非运行时异常

Java 的异常被分成两类：运行时异常(RuntimeException)和非运行时异常（也叫 checked 异常）。所有 RuntimeException 类和它的子类的对象都是运行时异常，不是 RuntimeException 类及其他的子类的异常对象就是非运行时异常。

编码的时候如果代码中有可能出现的是 RuntimeException，比如上面例子中的除法运算，就有可能抛出 ArithmeticException 异常，而这个异常是 RuntimeException 类的子类，对于这种 RuntimeException 类型的异常，不管是不是进行了抓取，编译时都可以通过，但是如果是非运行时异常就不同了，它要求必须进行抓取，否则编译无法通过。

常见的非运行时异常类有：

（1）java.io.IOException：I/O 操作异常。

（2）java.sql.SqlException：数据库操作一样。

8.6   throws 关键字

程序的方法中有可能引发一些异常。如果这些异常不想立即处理，也就是不立即使用 try…catch 将其抓住，而想延迟进行处理，就可以使用 throws 关键字。这个关键字必须在定义方法的时候使用，用于声明该方法可能会抛出的异常类型。

```
public class Calculater {
    public int div(int x, int y) throws  ArithmeticException{
        return x/y;
```

```
    }
}
```

throws 后面如果要声明多个异常类型，则这些异常类型之间需要使用"，"进行分割。

使用 throws 关键字修饰的方法明确地指出了该方法有可能抛出的异常。如果这些异常是运行时异常，则方法的调用者有 3 种选择：

（1）不理会这些声明，编译可以通过。

（2）使用 try..catch 处理异常。

（3）使用 throws 继续延迟处理。

如果是非运行时异常，那么方法的调用者只有两种选择：

（1）使用 try..catch 处理异常。

使用 throws 继续延迟处理。

也就是出现了非运行时异常，要么处理，要么延迟处理，否则编译无法通过。

8.7　throw 关键字

前面提到，异常对象可以由系统创建并抛出，还可以让程序员手动创建异常对象，然后抛出。当创建了一个异常对象之后，可以使用 throw 关键字抛出异常对象。

throw 关键字与 throws 不同的是，throws 用在方法声明后面，而 throw 使用在方法体中。例如：

```java
public class Calculater{
    public int div(int x, int y) throws  Exception{
        if(y==0){
            Exception e=new ArithmeticException("除数不能为 0");
            //引发异常
            throw e;
        }
        int result=x/y;
        return result;
    }
}
```

8.8　自定义异常

系统定义的异常不能代表应用程序中所有的异常，有时需要创建用户自定义异常，用户自定义异常一般继承 Exception 类。但是，从 Exception 继承的自定义异常在应用程序中激发时必须捕获，而用户自定义异常一般是可控的异常，大部分情况下不需要捕获，因此建议用户自定义异常继承自 RuntimeException。

例如有以下需求：果园中要卖苹果，如果有 3 个苹果是不合格的（质量小于 10 g）则停止交易。

```java
public class AppleException extends RuntimeException {
    int invalidCount=0;
    public AppleException(){
        super();
    }
    public AppleException(String message){
```

```
        super(message);
    }
    public AppleException(String message, int invalidCount){
        super(message);
        this.invalidCount=invalidCount;
    }
    public int getInvalidCount(){
        return invalidCount;
    }
    public void setInvalidCount(int invalidCount){
        this.invalidCount=invalidCount;
    }
}
```

上面的代码中自定义异常继承 RuntimeException 类，提供了默认的不带参数的构造方法。也提供了带字符串构造方法，该构造方法在自定义异常中一般存在，可以通过该构造方法向父类传递异常信息。要抛出这种类型的异常对象，可以手工将它创建出来，然后使用 throw 将对象抛出。

自定义异常可以在程序的任何位置通过 throw 激发，如果激发的异常没有在 try 中，或者没有运行 catch 语句，那么该异常就会自动抛给方法的调用者，由调用者处理。如果异常要抛向当前方法外部，那么当前方法在声明时必须使用 throws 关键字。

Apple 类：

```
public class Apple{
    int weight;
    public int getWeight(){
        return weight;
    }
    public void setWeight(int weight){
        this.weight=weight;
    }
}
```

在 Seller 类中引发自定义异常：

```
public class Seller{
    public void check(Apple[] apples) throws AppleException{
        int count=0;
        for(int i=0; i<apples.length; i++){
            if (apples[i].getWeight()<10){
                count++;
            }
        }
        if(count>=3){
            throw new AppleException("本批苹果不合格", count);
        }
    }
}
```

第9章

Java 常用类库

前面学习的都是 Java 语言的语法规范，从本章起开始进入 Java API 的学习。API
（Application Programming Interface，应用程序编程接口）是 Java 语言提供的组织成包结
构的许多类和接口的集合。Java API 为用户编写应用程序提供了极大的便利。Java API 包
含在 JDK 中，而且提供了这些 API 的参考文档。参考文档中对于每个类和接口都有很详细
的解释。可以到官方网站下载这些 API 的参考文档。下载得到的是 html 文件，如图 9-1
所示。

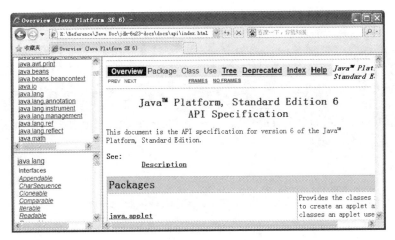

图 9-1　Java API Document

9.1　StringBuffer 类和 StringBuilder 类

字符串就是一连串的字符序列，Java 中提供了 String 类、StringBuffer 类和 StringBuilder 类来
操作字符串。第 5 章讲解了 String 类的使用，本节介绍 StringBuffer 类和 StringBuilder 类，以及它
们 3 个类之间的区别和联系。

String、StringBuffer、StringBuilder 三个类都放在 java.lang 包中，使用它们时不必使用 import
java.lang 语句导入该包就可以直接使用它们。因为 java.lang 包是 JVM 默认的包。

String 类用于存储一连串的字符，而且提供了比较两个字符串、查找子串和截取子串、截取
字符、与其他类型之间的转换的方法。String 类对象中存储的字符的内容一旦被初始化就不能再

发生改变。

与 String 类对象不同的是，StringBuffer 类对象中存储的字符内容可以改变。可以将其他各种类型的数据追加，插入到字符序列中，也可以反转字符序列中原来的内容。一旦通过 StringBuffer 生成了最终想要的字符串，就应该使用 StringBuffer 提供的 toString() 方法将其转换成 String 类的对象，之后就可以使用 String 类的各种方法操作这个字符串。

StringBuilder 类是 JDK1.5 增加的一个类，它与 StringBuffer 很相似，它的对象中存储的字符序列也可以改变，不同的是 StringBuffer 是线程安全的，而 StringBuilder 则没有实现线程安全的功能，它在处理字符串的时候，性能要略高一些。因此通常情况下，如果需要创建一个内容可变的字符串对象，应该优先考虑使用 StringBuilder 类。

StringBuffer 与 StringBuilder 类中的大部分方法都是一样的，下面以 StringBuilder 类为例说明它们的使用。

```java
public class StringBuilderTest{
    public static void main(String[] args){
        StringBuilder sb=new StringBuilder();
        sb.append("java");
        sb.insert(0,"你好 ");          //后面有一个空格
        sb.replace(2,3,",");
        sb.delete(2, 3);
        sb.reverse();
    }
}
```

第 3 行创建一个 StringBuilder 对象，调用无参构造方法，默认情况下其初始容量为 16 个字符，也就是实例化的时候预留了 16 个字符的存储空间。

第 4 行调用 append() 方法向对象中添加新的内容。append() 方法有很多种重载的形式，可以将各种数据类型的数据追加到对象中。此时，StringBuilder 对象中存储的内容为"java"。

第 5 行调用 insert() 方法往 StringBuilder 对象中插入字符串。第一个参数表示插入的位置，位置从 0 开始。此时 StringBuilder 对象中存储的内容为"你好 java"。

第 6 行调用 replace() 方法将对象中一个或者多个字符替换掉。第一个参数为开始位置（包含），第二个参数为结束位置（不包含），第三个参数表示要替换的内容。这里的含义为将空格替换成","此时 StringBuilder 对象中存储的内容为"你好,java"。

第 7 行调用 delete() 方法将对象中的字符删除。第一个参数为开始位置(包含)，第二个为结束位置（不包含）。这里的含义为将","删除，此时 StringBuilder 对象中存储的内容为"你好 java"

第 8 行调用 reverse() 将对象中的字符序列进行反转。此时 StringBuilder 对象中存储的内容为"avaj 好你"。

9.2 Math 类

Math 类位于 java.lang 包中，全称是 java.lang.Math. Math 类中包含用于运行基本数学运算的方法，如指数、对数、平方根和三角函数等。Math 类中定义的所有方法和常量全部都是静态的，使用非常方便。定义的常量主要有两个：Math.E 和 Math.PI 分别表示自然对数的底数和圆周率。Math

类中的常见静态方法如表 9-1 所示。

表 9-1　Math 类中的常见静态方法

返　　回	方　　法	说　　明
static T	abs(T a)	返回 long 值的绝对值
static double	acos(double a)	返回一个值的反余弦；返回的角度范围在 0.0～pi 之间
static double	atan(double a)	返回一个值的反正切；返回的角度范围在 –pi/2～pi/2 之间
static double	ceil(double a)	返回最小的（最接近负无穷大）double 值，该值大于等于参数，并等于某个整数
static double	cos(double a)	返回角的三角余弦
static double	floor(double a)	返回最大的（最接近正无穷大）double 值，该值小于等于参数，并等于某个整数
static double	log(double a)	返回 double 值的自然对数（底数是 e）
static double	log10(double a)	返回 double 值的底数为 10 的对数
static T	max(T a, T b)	返回两个 double 值中较大的一个
static T	min(T a, T b)	返回两个 long 值中较小的一个
static T	pow(T a, T b)	返回第一个参数的第二个参数次幂的值
static double	random()	返回带正号的 double 值，该值大于等于 0.0 且小于 1.0
static int	round(float a)	返回最接近参数的 int
static double	sin(double a)	返回角的三角正弦
static double	sqrt(double a)	返回正确舍入的 double 值的正平方根
static double	tan(double a)	返回角的三角正切

9.3　基本数据类型包装类

Java 中的类把方法与数据连接在一起，并构成了自包含式的处理单元。但在 Java 中不能定义基本类型，为了能将基本类型视为对象来处理，并能连接相关的方法，Java 为每个基本类型都提供了包装类。这样，就可以把这些基本类型转化为对象来处理。表 9-2 列出了 Java 中 8 种基本数据类型所对应的包装类。

表 9-2　基本数据类型与包装类

基本数据类型	包　装　类	基本数据类型	包　装　类
boolean	Boolean	long	Long
byte	Byte	char	Character
short	Short	float	Float
int	Integer	double	Double

每种包装类都提供了构造方法将基本数据类型值构造成一个包装类对象，并且提供了多种方法来进行数据类型之间的转换。例如：

```
Integer objInt1=new Integer(12);
Integer objInt2=new Integer("12");
```

```
Integer objInt3=Integer.valueOf(12);
Integer objInt4=Integer.parseInt("12");
int int1=objInt1.intValue();
String strInt=objInt1.toString();

Double objDouble1=new Double(12.5);
Double objDouble2=new Double("12.5");
Double objDouble3=Double.valueOf(12.5);
Double objDouble4=Double.parseDouble("12.5");
double double1=objDouble1.doubleValue();
String strDouble=objDouble1.toString();
```

JDK 5.0 以后，对包装类与基本数据类型之间的转换进一步进行了简化，以下代码是正确的：

```
Integer number=12;
int i=number;
Double d1=12.5;
double d2=d1;
```

也就是说，将一个基本类型的数据赋值给包装类型的变量，会自动将基本数据类型包装成对象；将包装类型的变量赋值给基本数据类型，将自动将包装类中保存的基本数据类型的值赋值给基本类型变量。需要注意的是：基本数据类型的值在栈中分配内存，而包装类是一个引用类型，在堆中分配内存。

9.4 Class 类

在 Java 中，万物皆对象，Java 中的类是为了描述对象，包括：类名、属性、方法等类结构，Java 把类结构的描述也定义为类，该类比较特殊，名称是 Class。每一个类在加载的时候，虚拟机都会根据加载的类创建对应的 Class 对象，Class 对象是具体类的描述，包括具体类的类名、属性、方法、构造方法等，放在内存的程序区。获取 Class 对象的主要方法有：

（1）Class.forName("类全限定名")：加载类，类名可以在程序运行时确定。一般动态加载一个类时用该方法。

（2）类名.class：加载一个类，类名在程序编译时确定。

（3）对象名.getClass()：从已经实例化的对象中调用 getClass()方法得到该对象所在类的 Class 对象。getClass()方法在 Object 对象中定义，因此在每个对象中都存在该方法。

```
public class Test{
    public static void main(String[] args){
        try {
            Class stuClz=Class.forName("com.xinzhan.chapter3.Student");
//stuClz=Student.class;也可以这样获取 Student 的 Class 对象
//stuClz=new Student().getClass();也可以这样获取 Student 的 Class 对象
            Method[] ms=stuClz.getMethods();
            for (Method method : ms) {
                System.out.println(method.getName());
            }
        } catch (ClassNotFoundException e) {
            e.printStackTrace();
```

```
                }
            }
        }
```

第 3 行加载类 Student，获取 Student 的 Class 对象，该对象中包含了 Student 类中有哪些属性、哪些方法等类的结构。使用 Class.forName()方法时，要捕获 ClassNotFoundException 异常，当字符串参数中指定的类不存在时激发该异常。

第 6 行通过 Student 的 Class 对象可以得到该类有哪些公共方法，java.lang.reflect.Method 类就是描述方法的类。

通过一个类的 Class 对象，获取该类的属性和方法，并且动态地对该类的对象及其对象的属性和方法进行操作（比如：创建对象，调用方法等），叫作类的反射。根据一个类的 Class 对象可以实例化该类。方法是：调用 Class 对象的 newInstance()方法。

```
    Student stu=new Student();
```

等同于：

```
    Student stu=Student.class.newInstance();
    Stu=Class.forName("com.xinzhan.chapter3.Student").newInstance();
```

newInstance()方法自动调用类的无参构造方法，如果一个类中没有该构造方法，newInstance()方法将抛出异常。

9.4.1　类加载

JVM 对于每一个要使用的类首先要将类的字节码数据装载进来，完成类装载功能的就是类装载器。类装载器根据要装载的类的类名来定位和装载类的字节码数据，然后再返回给 JVM。

Java 中定义的所有的类和接口经过编译之后，都会生成一个 .class 的字节码文件。类装载器需要根据要装载的类的类名到本地文件系统中读取这个 .class 文件，再把读取到的数据传送给 JVM。但是，类装载器并不是要把读取到的字节码数据原封不动地传递给 JVM，它需要将 .class 文件的内容转化为 JVM 能够接受的字节码数据。例如，在本地文件中，class 文件保存时是以 GB2312 的编码方式保存的，而 JVM 要求 UNICODE 的编码方式，这就需要类装载器来进行转化。

类装载器装载完类的字节码数据后，JVM 将这些字节码数据编译为可运行的代码存储在内存中，并将索引信息保存在 HashTable 中，其索引信息就是这个类的完整名称。当 JVM 要用到这个类的时候，它就会根据类名作为索引信息在 HashTable 查找相应信息。如果可运行代码已经存在，JVM 就会从内存中调用可运行代码，否则它就会继续装载和编译要使用的类。保存在 HashTable 中的可运行代码就是 Class 类型的对象。

类加载器通常由 JVM 提供，Java 类库中提供了一个 java.lang.ClassLoader 来作为类装载器的基类，Java 虚拟机和程序都调用 ClassLoader 类的 loadClass 方法来加载类，程序员可以通过继承 ClassLoader 类来创建自己的类加载器。通过不同的类加载器，可以从不同来源加载类的字节码数据，通常有下面几种来源：

（1）从本地文件系统来加载 class 文件。

（2）从 jar 文件中加载 class 文件。JVM 可以从 jar 文件中直接加载类的字节码。

（3）通过网络加载 class 文件。

动态编译 Java 源文件，并运行加载。

一个类装载器本身也是一个 Java 类，所以，类装载器自身也需要被另外一个类装载器装载。Java 虚拟机中内嵌了一个称为 Bootstrap 的类装载器，它是用特定于本地操作系统的代码来实现的，属于 Java 虚拟机的内核。这个 Bootstrap 类装载器不需要其他的类装载器来装载，它主要用于装载 Java 核心包中的类（即 rt.jar 文件中的类）。Java 核心包中有另外两个类装载器，即 ExtClassLoader 装载器和 AppClassLoader 装载器，它们都是用 Java 语言编写的 Java 类，其中 ExtClassLoader 类装在器负责装载存放在<JAVA_HOME>/jre/lib/ext 目录下的 jar 包中的类，AppClassLoader 负责加载应用程序的启动运行类。在编译和运行 Java 程序时，都会通过 ExtClassLoader 来加载<JDK 安装主目录>jre\lib\ext 目录下的 Jar 包来搜索要加载的类。

9.4.2　Static 块

一个类中可以存在静态变量和成员变量。成员变量用构造方法初始化，而静态变量在实例化时已经存在，那么在类加载时就应该对静态变量初始化。对静态变量初始化的方法就是使用类中的静态块。其语法为：

```
static{
    //语句块
}
```

静态块单独在类中定义，第一次类加载之后，运行 static 块中的内容，对静态变量做初始化操作。Class.forName("类全限定名")的形式就是加载后再调用 static 块进行静态初始化。类名.class 这种形式只是对类进行加载，但是不调用 static 块，也不对静态变量初始化。

```
public class Test {
    static char sex = 'F';
    static String desc;
    static {
        if (sex=='F') {
            desc="女生";
        } else {
            desc="男生";
        }
    }
}
```

9.5　日期和时间

JDK 中提供了一系列用于处理日期、时间的类，包括创建日期、时间对象，获取系统当前日期、时间，日期时间格式化等操作。

9.5.1　Date 类

Data 类位于 java.util 包中，Date 类包装了毫秒值，毫秒值表示自 1970 年 1 月 1 日 00:00:00 GMT 开始到现在经过的毫秒数。该类的大部分构造器和方法都已经过时，但是该类使用非常方便，因此目前使用还很普遍。

该类目前推荐使用的构造方法有 2 个，如表 9-3 所示。

表 9-3　java.util.Date 类的构造方法

构 造 方 法	说 明
Date()	按照当前系统时间构造一个 Date 对象
Date(long date)	按照给定的时间毫秒值构造一个 Date 对象

主要的方法如表 9-4 所示。

表 9-4　java.util.Date 类的主要方法

返 回	异 常	说 明
boolean	after(Date when)	测试当前对象表示的时间是否在指定时间之后
boolean	before(Date when)	测试当前对象表示的时间是否在指定时间之前
long	getTime()	返回当前对象对应的时间毫秒值
void	setTime(long time)	设置时间

例如：

```java
public class Test{
    public static void main(String[] args){
        Date date=new Date();
        date.setTime((10L*365+2)*24*60*60*1000);
        System.out.println(date);
    }
}
```

第 3 行构造当前系统时间。

第 4 行设置时间值为 1970 年后 10 年的时间的毫秒值，10 年间有 2 个闰年，10 年的天数是：10*365+2，10L 表示当前值是 long 类型。

第 5 行调用 Date 的 toString 方法输出结果。

运行结果：

```
Tue Jan 01 08:00:00 CST 1980
```

Data 类由于开始设计时没有考虑国际化的问题，所以后来又设计了两个新的类来解决 Date 国际化的问题，一个是 Calendar 类，一个是 DateFormat 类，后者用于格式化输出。

9.5.2　Calendar 类

Calendar 类是一个抽象类，它为特定的值诸如 YEAR、MONTH、DAY_OF_MONTH、HOUR 等日历字段之间的转换和操作日历字段（例如获得下星期的日期）提供了丰富的方法，并且可以非常方便地与 Date 类型进行相互转换。

使用静态方法 getInstance()和 getInstance(Locale locale)获取 Calendar 对象。Calendar 定义了很多表示日期时间中各个部分的常量字段，如表 9-5 所示。

表 9-5　Calendar 类中的日期常量字段

返 回 值	字 段	说 明
static int	AM	指示从午夜到中午之前这段时间的 AM_PM 字段值
static int	DATE	get 和 set 的字段，指示年月日

续表

返 回 值	字 段	说 明
static int	DAY_OF_MONTH	get 和 set 的字段，指示一个月中的某天
static int	DAY_OF_WEEK	get 和 set 的字段，指示一个星期中的某天
static int	DAY_OF_YEAR	get 和 set 的字段，指示当前年中的天数
static int	HOUR	get 和 set 的字段，指示上午或下午的小时
static int	HOUR_OF_DAY	get 和 set 的字段，指示一天中的小时
static int	MINUTE	get 和 set 的字段，指示一小时中的分钟
static int	MONTH	指示月份的 get 和 set 的字段
static int	PM	指示从中午到午夜之前这段时间的 AM_PM 字段值
static int	SECOND	get 和 set 的字段，指示一分钟中的秒
static int	WEEK_OF_MONTH	get 和 set 的字段，指示当前月中的星期数
static int	WEEK_OF_YEAR	get 和 set 的字段，指示当前年中的星期数
static int	YEAR	表示年的 get 和 set 的字段

Calendar 类提供了丰富的操作方法，可以单独对年、月、日、时、分、秒等字段单独读取，也可以对星期进行设置，常用方法如表 9-6 所示。

表 9-6　Calendar 类的常用方法

返 回	方 法	说 明
void	add(int field, int amount)	根据日历的规则，为给定的日历字段添加或减去指定的时间量
boolean	after(Object when)	判断此 Calendar 表示的时间是否在指定 Object 表示的时间之后，返回判断结果
boolean	before(Object when)	判断此 Calendar 表示的时间是否在指定 Object 表示的时间之前，返回判断结果
int	get(int field)	返回给定日历字段的值
int	getActualMaximum(int field)	给定此 Calendar 的时间值，返回指定日历字段可能拥有的最大值。
int	getActualMinimum(int field)	给定此 Calendar 的时间值，返回指定日历字段可能拥有的最小值
Date	getTime()	返回一个表示此 Calendar 时间值（从历元至现在的毫秒偏移量）的 Date 对象
long	getTimeInMillis()	返回此 Calendar 的时间值，以毫秒为单位
void	set(int field, int value)	将给定的日历字段设置为给定值
void	set(int year, int month, int date)	设置日历字段 YEAR、MONTH 和 DAY_OF_MONTH 的值
void	set(int year, int month, int date, int hourOfDay, int minute)	设置日历字段 YEAR、MONTH、DAY_OF_MONTH、HOUR_OF_DAY 和 MINUTE 的值
void	set(int year, int month, int date, int hourOfDay, int minute, int second)	设置字段 YEAR、MONTH、DAY_OF_MONTH、HOUR、MINUTE 和 SECOND 的值
void	setTime(Date date)	使用给定的 Date 设置此 Calendar 的时间
void	setTimeInMillis(long millis)	用给定的 long 值设置此 Calendar 的当前时间值

例如：

```
import java.util.Calendar;
import java.util.Date;
public class Test{
    public static void main(String[] args){
        Calendar cale=Calendar.getInstance();
        cale.set(2009, 8, 20);// 年月日同时设置
        cale.set(Calendar.DAY_OF_WEEK, 2);
        Date date1=cale.getTime();
        cale.set(Calendar.MONTH, 3);
        cale.set(Calendar.DAY_OF_MONTH, 28);
        cale.set(Calendar.YEAR, 1978);
        Date date2 = cale.getTime();
    }
}
```

第 6 行可以使用 set() 方法对年月日时分秒同时设置。

第 7 行把天定位到星期一，Calendar 中认为第一天是星期天，设置 2 就是星期一。

第 8 行 Calendar 类型转换为日期时间等价的 Date 类型。

第 9 行单独设置月。

第 10 行单独设置日。

第 11 行单独设置年。

运行结果：

```
2009-09-21 17:21:37
1978-04-28 17:21:37
```

注意：在 Calendar 中对月份的计算是从 0 开始的，因此设置月份 11 其实就是中国的十二月。

9.5.3 日期格式化

格式化的目的是把一个对象以不同的格式表示，以满足不同环境对格式的要求，比如：前面学习的 Date 对象实质是一个以毫秒值表示的时间，但是在不同的国家和地区表示方式不一样。那么就需要对 Date 进行格式化处理。

Date 类中包含了日期和时间，在 Java 编程中，日期通常指年、月、日，时间则指时、分、秒、毫秒。Java 对 Date 进行格式化使用 java.text.DateFormat 类。在格式表示中，经常采用 4 种格式（见表 9-7），这 4 种格式被定义为 DateFormat 类的常量。

表 9-7　DateFormat 的 4 种表示格式

格　　式	说　　明
SHORT	以最短的格式表示，比如：09-8-20
MEDIUM	比 short 完整表示方式，比如：2009-8-20
LONG	比 medium 更完整的表示方式，比如：2009 年 8 月 20 日
FULL	综合的表示方式，比如：2009 年 8 月 20 日 星期四

因为不同国家地区需要格式化的结果不同，Locale 类的对象表示了不同的区域，Locale 定义目前全世界几乎所有地区的对象表示，部分地区的表示如表 9-8 所示。

表 9-8　Locale 对部分地区的表示

格　式	说　明
Locale.CHINA	中国地区
Locale.US	美国地区
Locale.FRANCE	法国地区
Locale.CANADA	加拿大地区

DateFormat 是一个抽象类，不能直接实例化，可以使用表 9-9 中的静态方法得到 DateFormat 的对象。

表 9-9　获取 DateFormat 对象的静态方法

方　法	说　明
getDateInstance()	返回默认地区、默认格式的关于日期的 DateFormat 对象
getDateInstance(int)	返回指定格式下、默认地区的关于日期的 DateFormat 对象
getDateInstance(int, Locale)	返回指定格式、指定地区的关于日期的 DateFormat 对象
getTimeInstance()	返回默认地区、默认格式的关于时间的 DateFormat 对象
getTimeInstance (int)	返回默认地区、指定格式的关于时间的 DateFormat 对象
getTimeInstance (int, Locale)	返回指定地区、指定格式的关于时间的 DateFormat 对象
getDateTimeInstance()	返回默认地区、默认日期格式、默认时间格式的关于日期和时间的 DateFormat 对象
getDateTimeInstance (int,int)	返回默认地区、指定日期格式、指定时间格式的关于日期和时间的 DateFormat 对象
getDateTimeInstance (int,int, Locale)	返回指定地区、指定日期格式、指定时间格式的关于日期和时间的 DateFormat 对象

调用 DateFormat 对象的 format()方法可以把 Date 对象转换成为指定格式的 String 类型数据。例如：

```
Date today=new Date();
DateFormat df=DateFormat.getDateInstance(DateFormat.FULL,Locale.CHINA);
String result=df.format(today);
import java.text.DateFormat;
import java.util.Date;
import java.util.Locale;
public class Test {
    public static void main(String[] args){
        Date today=new Date();
        Locale[] locals=new Locale[]{ Locale.CHINA, Locale.US, Locale.UK };
        for (int i=0; i<locals.length; i++){
            DateFormat df1=DateFormat.getDateInstance(DateFormat.SHORT,locals[i]);
            DateFormat df2=DateFormat.getDateInstance(DateFormat.MEDIUM,locals[i]);
            DateFormat df3=DateFormat.getDateInstance(DateFormat.LONG,locals[i]);
            DateFormat df4=DateFormat.getDateInstance(DateFormat.FULL,locals[i]);
            System.out.println(locals[i].getDisplayCountry()+"的日期形式: ");
            System.out.println("\tShort 格式: "+df1.format(today));
```

```
        System.out.println("\tMedium 格式: "+df2.format(today));
        System.out.println("\tLong 格式: "+df3.format(today));
        System.out.println("\tFull 格式: "+df4.format(today));
    }
  }
}
```

下面给出程序的运行结果。

中国的日期形式:

```
Short 格式: 09-8-20
Medium 格式: 2009-8-20
Long 格式: 2009 年 8 月 20 日
Full 格式: 2009 年 8 月 20 日 星期四
```

美国的日期形式:

```
Short 格式: 8/20/09
Medium 格式: Aug 20, 2009
Long 格式: August 20, 2009
Full 格式: Thursday, August 20, 2009
```

英国的日期形式:

```
Short 格式: 20/08/09
Medium 格式: 20-Aug-2009
Long 格式: 20 August 2009
Full 格式: 20 August 2009
```

在 Java 程序设计过程中，对应日期和时间的格式化，还有一个简单的格式化方式，就是 java.text.SimpleDateFormat，该类中用字符串指定日期和时间的格式，字符串中的字符称为模式字符，模式字符区分大小写。常见的模式字符定义如表 9-10 所示。

表 9-10　模式字符

字　母	日期或时间元素	字　母	日期或时间元素
y	年	a	Am/pm 标记
M	年中的月份	H	一天中的小时数（0~23）
w	年中的周数	k	一天中的小时数（1~24）
W	月份中的周数	K	am/pm 中的小时数（0~11）
D	年中的天数	h	am/pm 中的小时数（1~12）
d	月份中的天数	m	小时中的分钟数
F	月份中的星期	s	分钟中的秒数
E	星期中的天数	S	毫秒数

下面给出一些模式字符串的示例，如表 9-11 所示。

表 9-11　模式字符串示例

日期和时间模式	结　果
"EEE, MMM d, ''yy"	Wed, Jul 4, '01
"h:mm a"	12:08 PM

续表

日期和时间模式	结　　果
"yyyy-MM-dd HH:mm:ss"	2009-8-20 14:22
"yyyy 年 MM 月 dd HH:mm:ss"	2009 年 8 月 20　14:22:23

SimpleDateFormat 是 DateFormat 的子类，用法和 DateFormat 类基本一致，主要使用 format()方法。下面代码演示使用 SimpleDateFormat 进行日期转换：

```java
import java.text.SimpleDateFormat;
import java.util.Date;
public class Test {
    public static void main(String[] args){
        Date today=new Date();
        SimpleDateFormat format1=new SimpleDateFormat("yyyy-MM-dd");
        SimpleDateFormat format2 = new SimpleDateFormat("yyyy 年 MM 月 dd
            HH:mm:ss");
        SimpleDateFormat format3=new SimpleDateFormat("HH:mm:ss");
        SimpleDateFormat format4=new SimpleDateFormat("yyyy");
        System.out.println(format1.format(today));
        System.out.println(format2.format(today));
        System.out.println(format3.format(today));
        System.out.println(format4.format(today));
    }
}
```

运行结果：

```
2009-08-20
2009 年 08 月 20 14:25:58
14:25:58
2009
```

在设计程序时，界面上用户输入的基本上都是字符串，如果字符串输入一个出生年月，如何把该字符串转换成 Date 类型呢？可以使用 SimpleDateFormat 的 parse()方法。

```java
import java.text.ParseException;
import java.text.SimpleDateFormat;
import java.util.Date;
public class Test{
    public static void main(String[] args){
        String birthday="1980-04-16";
        SimpleDateFormat format=new SimpleDateFormat("yyyy-MM-dd");
        try {
            Date bir=format.parse(birthday);
            System.out.println(bir);
        } catch (ParseException e) {        //第 11 行
            // TODO Auto-generated catch block
            e.printStackTrace();
        }
    }
}
```

用 SimpleDateFormat 解析日期的时候需要处理第 11 行中的 ParseException 异常。

9.6　数字格式化

对数字的格式化，在程序处理中也是非常常用的，数字格式化主要对小数点位数、表示的形式（比如：百分数表示）等格式进行处理。

java.text.NumberFormat 是所有数值格式的抽象基类。此类提供格式化和解析数值的接口。若要格式化当前 Locale 的数值，可使用其中一个方法：

```
myString=NumberFormat.getInstance().format(myNumber);
```

若要格式化不同 Locale 的日期，可在调用 getInstance()方法时指定它。

```
NumberFormat nf=NumberFormat.getInstance(Locale.FRENCH);
```

获取 NumberFormat 对象的方法和说明如表 9-12 所示。

表 9-12　获取 NumberFormat 对象

方　　法	说　　明
getInstance()	获取常规数值格式，可以指定 Local 参数
getNumberInstance()	获取常规数值格式，可以指定 Local 参数
getIntegerInstance()	获取整数数值格式，可以指定 Local 参数
getCurrencyInstance ()	获取货币数值格式。可以指定 Local 参数。格式化后的数据前面会有一个货币符号，比如："￥"
getPercentInstance()	获取显示百分比的格式。可以指定 Local 参数。比如：小数 0.53 将显示为 53%

数字格式化示例：

```
import java.text.NumberFormat;
import java.util.Locale;
public class Test{
    public static void main(String[] args){
        double mynum1=230456789;
        double mynum2=0.23;
        NumberFormat nf1=NumberFormat.getInstance(Locale.CHINA);
        NumberFormat nf2=NumberFormat.getCurrencyInstance(Locale.CHINA);
        NumberFormat nf3=NumberFormat.getCurrencyInstance(Locale.US);
        NumberFormat nf4=NumberFormat.getPercentInstance();
        System.out.println(nf1.format(mynum1));
        System.out.println(nf2.format(mynum1));
        System.out.println(nf3.format(mynum1));
        System.out.println(nf4.format(mynum2));
    }
}
```

运行结果：

```
230,456,789
￥230,456,789.00
$230,456,789.00
23%
```

关于更复杂的数字格式化，可以使用 java.text.DecimalFormat 进行处理，该类通过模式字符串对数字进行格式化。

下面代码演示使用 DecimalFormat 进行数字格式化：

```
import java.text.DecimalFormat;
public class Test{
    public static void main(String[] args){
        int num1=1234567;
        double num2=0.126543;
        DecimalFormat df1=new DecimalFormat("#,###");  //第6行
        DecimalFormat df2=new DecimalFormat("#.00");
        DecimalFormat df3=new DecimalFormat("00.#");
        DecimalFormat df4=new DecimalFormat("0.##E0");
        DecimalFormat df5=new DecimalFormat("0.##%");
        System.out.println(df1.format(num1));
        System.out.println(df2.format(num2));
        System.out.println(df3.format(num2));
        System.out.println(df4.format(num1));
        System.out.println(df5.format(num2));
    }
}
```

第 6 行中#代表一个位置数字，如果该位置数字不存在，则省略不显示；","代表数字中的分隔符，此示例用三位分隔一次。

第 7 行中"0"代表一个数字位置，如果该位置不存在，则用 0 来补充。小数中多余部分四舍五入；"."表示小数点；#表示当前位置是 0，则省略不显示。

第 8 行中#小数部分只显示 1 位小数，并且进行四舍五入。

第 9 行中 E 表示科学计数法。

第 10 行中%指用百分数表示数字。

运行结果：

```
1,234,567
.13
00.1
1.23E6
12.65%
```

第 10 章

Java 集合框架

计算机的优势在于处理大量的数据，在编程开发中，为处理大量的数据，必须具备相应的存储结构。数组可以用来存储并处理大量类型相同的数据，但是数组在应用中有一些限制，比如：数组长度一旦确定，就无法更改，除非采用建立新数组，再将原数组内容复制过来；数组中只能存放指定类型的数据，操作不方便。在实际开发中，为了操作方便，JDK 中提供了许多与集合操作相关的接口和实现类，这些接口或者实现类称为 Java 集合框架。一般可以把集合理解成是一个能够存放对象的容器。

Java 集合框架中定义的集合类和接口很多，图 10-1 所示为是一张简化了的 Java 集合框架图，也是在开发中主要用到的类和接口。

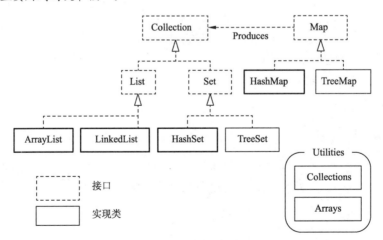

图 10-1　Java 集合框架简化图

上图中虚线框表示接口，实线框表示接口的实现类。这些类和接口都位于 java.util 包中。

10.1　Collection 接口及其子接口

Collection 是最基本的集合接口，一个 Collection 集合可以存储一组 Object 类型的对象。它提供了基本操作，如添加、删除等。它也支持查询操作，如是否为 isEmpty() 方法等。常用方法如表 10-1 所示。

表 10-1　Collection 接口中常用的方法

返 回 类 型	方 法 名 称	说　　明
boolean	add(Object obj)	加入元素，返回是否添加成功
boolean	clear()	清除集合中的元素
boolean	contains(Object obj)	查找集合中是否存在传入的元素
boolean	isEmpty()	判断集合是否为空
Object	remove(int index)	删除制定位置的元素，并返回该元素
int	size()	获取集合大小
Object[]	toArray()	将集合转换成一个数组

Collection 接口中定义了所有的集合类必须实现的方法。实际开发中我们往往对存储数据的"容器"有一些要求，比如有的允许相同的元素，而有的不允许有相同的元素，有的能够进行排序，有的则不行，所以又定义了两种接口来加以区分。Set 接口和 List 接口从 Collection 接口继承，又加入了一些新的方法。

10.1.1　List 接口

List 集合用来表示一个有序的集合，集合中的每个元素都有其对应的顺序索引。List 集合允许使用重复元素，可以通过索引来访问指定位置的集合元素。向 List 集合中添加元素的时候，元素的索引是按照添加的先后顺序来设置的，第一个添加的元素其索引值为 0，第二个添加的元素其索引值为 1，后面依次类推。

List 集合是 Collection 接口的子接口，可以使用 Collection 接口中所有的方法。因为 List 是有序集合，所以 List 集合中添加了一些根据索引来操作集合元素的方法，如表 10-2 所示。

表 10-2　List 中操作集合元素的方法

返 回 类 型	方 法 名 称	说　　明
void	add(int index,Object obj)	在指定的位置插入指定的元素
Object	get(int index)	获取指定索引位置上的元素
Object	remove(int index)	删除指定索引位置上的元素
Object	set(int index,Object element)	将 index 索引处的元素替换成 element 对象
List	subList(int fromIndex,int toIndex)	返回从 fromIndex(包含)到索引 toIndex(不包含)处所有集合元素组成的子集合

List 接口有一些常用的实现类：Vector、ArrayList、LinkedList。

10.1.2　Vector 类

Vector 类实现了 List 接口，可以实现可增长的对象数组。与数组一样，它包含可以使用整数索引进行访问的组件。但是，Vector 的大小可以根据需要增大或缩小，以适应创建 Vector 后进行添加或移除项的操作。

Vector 类示例：

```
import java.util.List;
```

```
import java.util.Vector;
public class Test{
    public static void main(String[] args){
        List list=new Vector();
        //添加一个元素
        list.add("第一个元素");
        //集合里不能存放基本数据类型，但是JDK1.5以后支持自动装箱
        list.add(10.0);
        System.out.println("集合中元素的个数为:"+list.size());
        //删除元素
        list.remove(10.0);
        System.out.println("集合中元素的个数为:"+list.size());
        System.out.println("包含'第一个元素':"+list.contains("第一个元素"));
    }
}
```

运行结果：

```
集合中元素的个数为:2
集合中元素的个数为:1
包含'第一个元素':true
```

10.1.3　ArrayList 类

ArrayList 与 Vector 都实现了 List 接口，内部都是采用数组来存储数据，所不同的是 ArrayList 被设计为线程非安全，而 Vector 被设计为线程安全。它们之间的关系类似于第 9 章讲到的 StringBuffer 与 StringBuilder 的关系。

ArrayList 和 Vector 采用数组保存元素，意味着当大量添加元素，数组空间不足时，依然需要通过新建数组、内存复制的方式来增加容量，效率较低；而当进行对数组进行插入、删除操作时，又会进行循环移位操作，效率也较低；只有进行按下标查询时［get()方法］，使用数组效率很高。

下面的示例中使用两个 ArrayList 集合(listA,listB)来保存两个班级的学生姓名，然后将 listB 中的数据合并到 listA 中，接着输入学生姓名对集合进行查找和删除。

```
import java.util.ArrayList;
import java.util.List;
public class Test {
    public static java.util.Scanner scanner=new java.util.Scanner(System.in);
    public static void inputName(List list){
        do {
            String name=scanner.next();
            if (name.equalsIgnoreCase("OVER")) break;
            list.add(name);
        } while (true);
    }
    public static void main(String[] args){
        List listA=new ArrayList();
        List listB=new ArrayList();
        System.out.println("请输入A班学员姓名，输入OVER结束");
```

```
        inputName(listA);
    System.out.println("请输入 B 班学员姓名，输入 OVER 结束");
        inputName(listB);
    listA.addAll(listB);//合并集合 listA 与 listB
    System.out.println("请输入要查找的学员姓名");
    String name=scanner.next();
    int pos=listA.indexOf(name);
    if (pos==-1) {
        System.out.println("没有找到");
    } else{
        System.out.println("找到了，位置是:"+pos);
    }
    System.out.println("请输入要删除的学员姓名");
    String delName=scanner.next();
    if (listA.remove(delName)){
        System.out.println("删除成功! ");
    } else {
        System.out.println("没有该学员");
    }
    }
}
```

如果放入到集合中的元素是一个自定义类的实例，该如何正确使用？例如：

```
public class Student{
    String name;
    int age;
    public Student(String name, int age){
        this.name=name;
        this.age=age;
    }
    public String toString(){
        return name+"/"+age;
    }
}
public class Test{
    public static void main(String[] args){
        List list=new ArrayList();
        Student stu=new Student("Tom", 10);
        for (int i=0; i<3; i++){
            stu.age=10+i;
            list.add(stu);
        }
        System.out.println(list);//自动调用 list 对象的 toString 方法。ArrayList
                        //写了 Object 的 toString 方法，可以将集合中元素的内容输出
    }
}
```

运行结果：

```
[Tom/12, Tom/12, Tom/12]
```

上面代码的原意是在集合中保存 3 个 Student 对象，age 分别为 10、11、12，但实际输出的 age 值均为 12。这是因为 list 集合中保存的是 stu 对象的引用，而在循环中 stu 的引用并没有变化，所

以循环结束后集合中的 3 个元素都指向 stu 对象，age 的值自然也是最后的 12。将代码 Student stu =new Student("Tom" , 10);"放入循环内可以解决这一问题。

前面的例子中放入的是字符串，对集合使用 remove()、contains()、indexOf()等方法时，按照字符串的内容来查找，而如果是自定义的类呢？此时应该注意要重写类的 equals()方法，集合在比较元素的时候，会自动调用 equals()方法来比较两个对象是否相等。

在没有重写 Student 类的 equals()方法的情况下，运行下面的代码：

```
import java.util.ArrayList;
import java.util.List;
public class Test {
    public static void main(String[] args){
        List list=new ArrayList();
        list.add(new Student("Tom" , 11));
        list.add(new Student("Jerry" , 22));
        list.add(new Student("Alice" , 33));
        System.out.println(list.contains(new Student("Tom" , 11)));
        System.out.println(list.indexOf(new Student("Jerry" , 22)));
        System.out.println(list.remove(new Student("Alice" , 33))?"成功":"无
            此项");
    }
}
```

运行结果：

```
false
-1
无此项
```

我们希望判断学员 Tom 是否存在，查找学员 Jerry，删除学员 Alice，但是输出的结果却不存在，找不到，删不掉。这是因为 List 集合会调用元素的 equals()方法来判断对象是否相等，而 Student 类没有重写 equals()方法，默认是按引用地址比较，而每个学员对象的地址又不相同，所以出现这个现象。通过给 Student 类添加 equals()方法可以解决这个问题：

```
public class Student {
    //在前面的 Student 类的基础之上添加 equals 代码,原来的代码略
    public boolean equals(Object obj) {
        if (obj==null)
            return false;
        if (!(obj instanceof Student))
            return false;
        Student stu=(Student)obj;
        return stu.name.equals(this.name)&&stu.age==this.age;
    }
}
```

修改完 Student 类之后，再运行上面的代码，结果变为：

```
true
1
成功
```

通过上面的例子，总结出在集合中存储自定义的对象时，需要注意两点：

（1）集合中保存的是对象的引用。

（2）使用 remove()、contains()、indexOf()等方法时，应该重写类的 equals()方法。

10.1.4　LinkedList 类

LinkedList 也是 List 接口的实现类，操作方法与 ArrayList、Vector 类相同，与 ArrayList、Vector 不同的是，LinkedList 采用链表保存元素，在添加元素时只需要进行一次简单的内存分配即可，效率较高；进行插入、删除操作时，只需对链表中相邻元素的引用进行修改即可，效率也很高；但进行按下标查询时，需要对链表进行遍历，效率较低。图 10-2～图 10-4 演示了链表结构的特性。

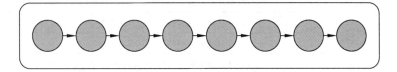

图 10-2　链表结构，每个元素引用后面的元素

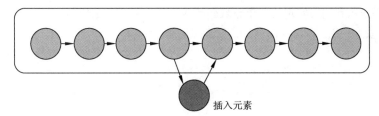

图 10-3　向链表中插入元素，只需修改两处引用

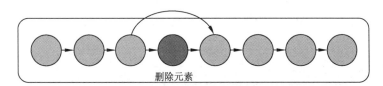

图 10-4　删除链表中的元素，也只需要修改两处引用

可以总结出 ArrayList 在进行数据的新增、插入、删除时效率较低，按下标对数据进行查找时效率较高；LinkedList 正好相反。一般来说，ArrayList 保存经常进行查询操作的集合，LinkedList 适用于保存经常进行修改操作的集合。

由于 LinkedList 集合中采用链表作为存储结构，所以在 LinkedList 中定义了专门针对链表操作的方法，如表 10-3 所示。

表 10-3　LinkedList 中针对链表操作的方法

返 回 类 型	方 法 名 称	说　　明
void	addFirst (Object obj)	将指定元素插入此列表的开头
void	addLast (Object obj)	将指定元素添加到此列表的结尾
Object	getFirst()	返回此列表的第一个元素
Object	getLast()	返回此列表的最后一个元素
Object	removeFirst ()	移除并返回此列表的第一个元素
Object	removeLast()	移除并返回此列表的最后一个元素

LinkedList 是 List 接口的实现类，这意味着它是一个 List 集合，可以根据索引来随机访问集合中的元素。除此以外，它还实现了 Deque 接口，而 Deque 接口是 Queue 接口的子接口。Queue 表示队列，Deque 接口表示双向队列（关于链表、栈、队列可以参考"数据结构"相关书籍，本书不做详细描述）。所以，LinkedList 中还有如表 10-4 所示的方法。

表 10-4　LinkedList 中的方法

返回类型	方法名称	说明
Object	peek()	获取但不移除此队列的头；如果此队列为空，则返回 null
Object	poll()	获取并移除此队列的头，如果此队列为空，则返回 null
Object	remove()	获取并移除此队列的头
Object	pop()	从此双端队列所表示的堆栈中弹出一个元素
void	push(Object obj)	将元素压入堆栈

下面的代码演示利用栈实现将一个整数转换为一个十六进制的字符串：

```
public static void main(String[] args){
    int number=76525,hex=16;               //number 为要转换的数，hex 表示十六进制
    LinkedList stack=new LinkedList();      //将 LinkedList 用作栈
    do{
        stack.push(number%hex);            //将余数压入栈中
        number/=hex;
    }while(number!=0);
    StringBuffer sb=new StringBuffer();
    while(!stack.isEmpty()){
        int v=(Integer)stack.pop();        //出栈
        switch(v){
            case 10:sb.append('A');break;
            case 11:sb.append('B');break;
            case 12:sb.append('C');break;
            case 13:sb.append('D');break;
            case 14:sb.append('E');break;
            case 15:sb.append('F');break;
            default:sb.append(v);
        }
    }
    System.out.println("76525 的十六进制为:"+sb.toString());
}
```

运行结果：

```
76525 的十六进制为:12AED
```

10.1.5　Set 接口

Set 接口与 List 接口一样都是 Collection 的子接口，所以 Set 集合和 List 集合的很多用法是相同的。但是，Set 集合中的元素是无序的，元素也是不能重复的。图 10-5 说明了 Set 集合与 List 集合之间的差异。

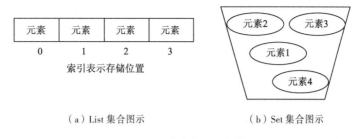

（a）List 集合图示　　　　　　　（b）Set 集合图示

图 10-5　List 集合与 Set 集合图示

List 集合，不管是 Vector、ArrayList 还是 LinkedList 存放数据的时候都是按照先后顺序进行存放，每个元素的位置可以使用索引来进行标识，所以 List 集合中提供了 Object get(int index) 方法来检索指定索引位置上的元素对象。而 Set 集合中存储的元素不是按照先后顺序来存放的，并且不能有重复的对象。所以，Set 接口中并没有提供 get()方法来获取元素对象。Set 集合接口中定义的常用方法如表 10-5 所示。

表 10-5　LinkedList 中的常用方法

返 回 类 型	方 法 名 称	作　　　用
boolean	add(Object obj)	加入元素
void	clear()	移除 Set 集合中所有元素
boolean	contains(Object obj)	判断 Set 集合中是否包含指定元素
boolean	isEmpty()	判断 Set 集合是否为空
Iterator	iterator()	返回 Set 集合中对元素迭代的迭代器
boolean	remove(Object obj)	从集合中删除元素
int	size()	返回集合中的元素数量

Set 接口有多种实现类，HashSet 是其中之一。

10.1.6　HashSet 类

HashSet 具有以下的特点：

（1）不能保证元素的排序顺序，顺序有可能发生变化。

（2）HashSet 不是同步的，如果多个线程同时访问一个集合，必须通过代码来保证其同步。

（3）集合元素值可以是 null。

当向 HashSet 集合中存入一个元素时，HashSet 会调用该对象的 hashCode()方法来得到该对象的 hashCode 值(hashCode 是 Object 中定义的方法，任何一个对象中都有该方法)，然后根据该 HashCode 值来决定该对象在 HashSet 中存储的位置。如果两个元素通过 equals()方法比较返回 true，但是它们的 hashCode()方法返回值不相等，HashSet 将会把它们存储在不同位置，也可以添加成功。所以，HashSet 集合判断两个元素相等的标准是两个对象通过 equals()方法比较相等，并且两个对象的 hashCode()方法返回值也相等。

問題：什么是 HashCode？

Hash 也被翻译为哈希、散列。Hash 算法的功能：它能保证通过一个对象快速查找到另一个对象。Hash 算法的价值在于速度，它可以保证查询得到快速运行。当需要查询集合中某个元素时，Hash 算法可以直接根据该元素的值得到该元素保存在何处，从而可以让程序快速找到该元素。

  HashSet 中是没有索引的，实际上当程序向 HashSet 集合中添加元素时，HashSet 会根据该元素的 HashCode 值来决定它的存储位置，也就是说每个元素的 HashCode 就是它的"索引"。

HashSet 类示例：

```java
import java.util.HashSet;
import java.util.Set;
public class Test{
    public static void main(String[] args){
        Set set=new HashSet();
        set.add("aa");
        System.out.println(set.size());    //输出 1
        set.add("aa");                     //第 8 行
        System.out.println(set.size());    //输出 1
        set.add(null);                     //第 10 行
        System.out.println(set.size());    //输出 2
    }
}
```

  第 8 行在 HashSet 集合中已经添加了一个 "aa" 元素，所以再次添加一个 "aa"，HashSet 认为是同一个元素，所以集合中元素大小依然是 1。

  第 10 行在 HashSet 中允许有 null 元素，null 元素也占用一个位置。

  下面的程序提供了 3 个类 A、B、C，它们分别重写了 equals()、hashCode()两个方法的一个或者全部，通过程序来理清楚 HashSet 判断集合元素是否相同的标准。

```java
/*只重写 euqls()方法*/
public class A {
    public boolean equals(Object obj){
        return true;
    }
    public String toString(){
        return "A";
    }
}
/*只重写 hashCode()方法*/
public class B {
    public int hashCode(){
        return 111;
    }
    public String toString(){
        return "B";
    }
}
/*只重写 hashCode()方法与 equals()方法*/
public class C {
    public boolean equals(Object obj){
        return true;
    }
    public int hashCode(){
```

```
        return 123;
    }
    public String toString(){
        return "C";
    }
}
```

　　上面代码中每个类中都重写了 toString()方法是为了将来显示集合中都存储着哪些元素的时候查看方便，调用 HashSet 的 toString()方法时，会自动调用每个元素的 toString()方法。

　　运行程序后，控制台上显示：

```
[A, B, B, C, A]
```

　　代码中添加了两个 A 对象，两个 B 对象，两个 C 对象，但是最终集合中有两个 A 对象、两个 B 对象，只有一个 C 对象，为什么？因为向 HashSet 中添加元素的时候，HashSet 需要判断加入的对象是否已经在集合中存在，比较的时候会调用元素对象的 euqals()方法和 hashCode()方法，如果 equals()方法比较返回 true，而且两个对象的 hashCode 返回值也相同，这两个条件同时满足了，HashSet 才认为元素对象已经存在。在前面的例子中添加进去的是 String 类型的字符串，而字符串同时重写了 equals()和 hashCode()方法。

10.1.7　迭代器

　　往集合中添加了元素之后，如何遍历集合中的元素？对于 List 集合，因为它是一种有序的结构，通过调用 size()方法获取集合中元素的个数，通过 get(int index) 方法可以获取集合中的元素，所以对于 List 集合的遍历，可以使用 for 循环来完成。

```
public class Test{
    public static void main(String[] args){
        List list=new ArrayList();
        list.add("第一个元素");
        list.add("第二个元素");
        list.add("第三个元素");
        list.add("第四个元素");
        for(int i=0;i<list.size();i++){
            System.out.println(list.get(i));
        }
    }
}
```

　　对于 Set 集合，由于它的元素不是按照顺序存储的，可以使用迭代器来对它的元素进行遍历。

　　java.util.Iterator 接口是 Java 集合框架的成员，主要用于遍历 Collection 集合中的元素，它的对象称为迭代器。Collection 接口中定义了 Iterator iterator() 方法，该方法返回一个与集合关联的迭代器对象。使用 Iterator 对象可以对与它关联的集合进行迭代。既然 Collection 接口中定义了 iterator()方法可以返回迭代器，那么 List、Set 接口中也有该方法，它们的实现类也都应该实现这个方法。在各种集合内部实现了 Iterator 接口，并返回它的实例对象。所以，所有的 Collection 集合都可以使用迭代器来遍历其中的元素。

　　Iterator 接口中定义了如表 10-6 所示的 3 个方法。

表 10-6　Iterator 中的方法

返回类型	方法名称	说明
boolean	hasNext()	如果仍然有元素可以迭代，则返回 true
Object	next()	返回迭代的下一个元素
void	remove()	删除指向的元素

可以这样来理解迭代器：任何集合的内部都有一个迭代器对象，可以通过调用集合对象的 iterator()方法来获取这个迭代器对象。这个迭代器对象就像一个指针，指向集合中的元素，hasNext() 方法用于判断是否指向了集合中的元素，如果指向了，则返回 true，否则返回 false。next()方法可以把迭代器指向的当前元素返回，并且将指针下移一个位置。remove 用于删除当前指向的元素。

下面的代码演示了使用迭代器迭代 List 集合和 Set 集合：

```java
public class Test {
    public static void main(String[] args){
        List list=new ArrayList();
        list.add("list 第一个元素");
        list.add("list 第二个元素");
        list.add("list 第三个元素");
        Iterator it=list.iterator();
        while(it.hasNext()){
            String ele=(String) it.next();
            System.out.println(ele);
        }
        Set set=new HashSet();
        set.add("set 第一个元素");
        set.add("set 第二个元素");
        set.add("set 第三个元素");
        for(Iterator i=set.iterator();i.hasNext();){
            String ele=(String) i.next();
            System.out.println(ele);
        }
    }
}
```

10.2　泛　　型

集合中可以放入任何对象，因此集合中接收的是一个 Object 类型的数据，任何对象放入集合之后，就成了 Object 类型的引用。因此取出集合中元素时需要强制转换，才能正常使用。这样的程序设计面临着一些问题：

（1）集合中的元素类型没有任何限制，容易引发异常。比如，一个集合中只存放 Dog 对象，结果 Cat 对象也能正常存储。在取出时元素强制转换为 Dog 就会引发转换错误异常，并且该异常在编译的时候不检查。

（2）这种做法使代码变得非常臃肿。泛型在集合中应用，使得集合对象在实例化时就指定元素的类型，从集合中取出元素的时候，不需要强制转换就可以直接使用。泛型的使用就是在类型后面用一对尖括号包含一个数据类型。比如：

```
List<String> list=new ArrayList<String>();
```

表示 List 对象中的所有元素均为 String 类型，使用时可以通 String s=list.get(0)直接使用。add()方法中，只能传入 String 数据，否则编译不能通过，同时，取出时不需要强制转换。

不加入泛型，运行下面代码：

```
public class Test {
    public static void main(String[] args) {
        List list=new ArrayList();
        list.add("list第一个元素");
        list.add("list第二个元素");
        list.add(50);
        list.add(true);
        for(int i=0;i<list.size();i++){
            String item=(String) list.get(i);
            System.out.println(item);
        }
    }
}
```

这段代码运行的时候，会抛出 java.lang. ClassCastException 异常。原因是集合中前两个元素是 String 类型的，第三个元素是 Integer 类型（50 被自动包装成 Integer 类型的对象）。而循环的时候从集合中取出的元素都被认为是 Object 类型的，在强转成 String 的时候，就出现了类型转换异常。上面的代码在编译时并不会报出错误，但运行时产生了异常。

当使用泛型为集合指定了类型之后，在编译时就会对存储在集合中的元素进行类型检查，一旦发现加入的元素与指定的泛型类型不匹配，编译就会报出错误。从集合中取出数据的时，也不用进行类型转换。

```
public class Test{
    public static void main(String[] args){
        List<String> list=new ArrayList<String>();
        list.add("list第一个元素");
        list.add("list第二个元素");
        //list.add(50);这句代码在编译的时候会报错
        for(int i=0;i<list.size();i++){
            String item=list.get(i);
            System.out.println(item);
        }
    }
}
```

所谓泛型就是在定义类或者接口时指定类型参数，这个类型参数在定义变量、创建对象时确定。JDK 1.5 使用泛型重写了集合框架中所有的类和接口。在 JDK 中有一个 src.zip 文件，这个文件包含了 JDK 中类的源代码，下面是 JDK 中 Iterator 接口和 ArrayList 的源代码，通过这些代码学习如何自定义泛型类：

```
public interface Iterator<E> {                          //第1行
    boolean hasNext();
```

```
    E next();
    void remove();
}
public class ArrayList<E> extends AbstractList<E>        //第6行
        implements List<E>, RandomAccess, Cloneable, java.io.Serializable
{
        //省略其他属性方法
    public ArrayList(Collection<? extends E> c) {        //第9行
        //方法体略
    }
    public <T> T[] toArray(T[] a) {                      //第12行
        //方法体略
    }
    public E get(int index) {                            //第15行
        //方法体略
    }
    public boolean add(E e) {                            //第18行
        //方法体略
    }
}
```

第 1、6 行表示在定义一个类或者接口时在类后放置<E>，表示定义类或者接口的变量时需要确定的类型，这里 E 仅仅是一个参数而已，名称可以自己确定，不一定非得是 E。

第 9 行定义参数时，如果参数的类型使用了泛型，这里使用的是 Collection，而 Collection 中的元素要求类型与 E 有继承关系或者必须实现 E 接口(如果 E 是一个接口)，那么必须使用 extends 关键字明确这种关系，即上面的 Collection<? extends E>,也就是说 Collection 中的元素类型 "?" 必须从 E 继承或者实现 E 接口。这个 "?" 被称为通配符，它的元素类型可以匹配任何类型，extends 表明两种类型的关系。

第 12 行是一个泛型方法，格式如下：

```
访问修饰符 <T,S> 返回值类型 方法名(参数列表)
{
}
```

它与普通方法签名相比，多了类型形参声明，多个类型形参之间使用 "," 隔开，所有类型形参声明放在方法修饰符和方法返回类型之间。代码中 public 后面的<T> 声明 T 类型在方法参数中传入，T[]表示返回类型是 T 的数组，参数中的 T[] 需要在前面进行声明。

第 15 行返回类型是 E 类型。

第 18 行因为参数中使用的 E 类型在类中已经声明过，所以在方法前面不必进行声明。

下面的例子中，编写一个泛型方法，能够对数组求最大值和最小值，数组的最大值和最小值保存到 Pair 类中，Pair 类的定义如下：

```
public class Pair<T>{
    private T min;                          //保存最大值
    private T max;                          //保存最小值
    public Pair(T min, T max){
        super();
        this.min=min;
```

```
        this.max=max;
    }
    public Pair(){
    }
    public T getMin(){
        return min;
    }
    public void setMin(T min){
        this.min=min;
    }
    public T getMax(){
        return max;
    }
    public void setMax(T max){
        this.max=max;
    }
}
```

编写泛型方法，用来求出任意数据类型的数组中的最大值和最小值。这里对数组元素的类型有一个要求，就是它必须是可以比较的，所以要求数组元素的类型必须实现 java.lang. Comparable 接口。泛型方法定义如下：

```
public class ArrayUtil{
    public static <T extends Comparable<T>> Pair<T> minMax(T[] arrays){
        if(arrays==null||arrays.length==0){
            return null;
        }
        T min=arrays[0];
        T max=arrays[0];
        for(int i=1;i<arrays.length;i++){
            if(arrays[i].compareTo(max)>0){
                max=arrays[i];
            }
            if(arrays[i].compareTo(min)<0){
                min=arrays[i];
            }
        }
        return new Pair<T>(min,max);
    }
}
```

使用泛型方法：

```
public class Test {
    public static void main(String[] args) {
        Integer[] arrays={10,45,78,36,1,53};
        Pair<Integer> p=ArrayUtil.minMax(arrays);
        System.out.println("数组中最大值为:"+p.getMax());
        System.out.println("数组中最小值为:"+p.getMin());
    }
```

```
    }
```

运行结果：

数组中最大值为：78
数组中最小值为：1

10.3　foreach 循环

在对集合和数组进行迭代操作时，经常用 for 循环，但是在对 set 进行操作时，需要使用 Iterator 作为迭代器进行遍历，这样很麻烦。当集合中使用了泛型之后，集合中元素的类型在编译时已经确定，所以为了方便地操作集合或者数组，从 Java 5 开始增加了新的循环语法，称为 foreach 循环。具体语法如下：

```
for (集合元素类型 集合元素变量:集合或数组) {
    //循环体
}
```

说明：

（1）集合元素类型：集合或者数组中元素的数据类型。

（2）循环体中，每一次循环，都会从集合或者数组中取出下一个元素，并且赋值给集合元素变量，循环运行直到遍历集合中所有的元素。

foreach 循环可以遍历 Collection 和数组中的所有元素。但是无法获取 List 和数组中元素的下标。

foreach 示例：

```java
public class Test {
    public static void main(String[] args){
        Integer[] arrays={10,45,78,36,1,53};
        /*对数组进行迭代*/
        for (Integer i : arrays){
            System.out.println(i);
        }
        List<String> list=new ArrayList<String>();
        list.add("星期一");
        list.add("星期二");
        list.add("星期三");
        /*对集合进行迭代*/
        for (String str : list){
            System.out.println(str);
        }
    }
}
```

> 提示：如果集合没有使用泛型确定集合中元素类型，不能使用该语法来对集合中元素进行迭代。

10.4　Map 接口及实现类

Map 集合用于保存具有映射关系的数据，即以键值对（key-value）的方式来存储数据。因此，在 Map 集合内部有两个集合：一个集合用于保存 Map 中的 key（键），一个集合用于保存 Map 中的 value（值），其中 key 和 value 可以是任意数据类型数据。Map 集合结构如图 10-6 所示。

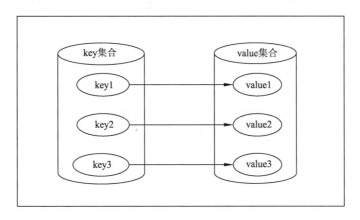

图 10-6　Map 集合结构

Map 接口中定义了如表 10-7 所示的常用方法。

表 10-7　Map 接口中的常用方法

返 回 类 型	方 法 名 称	作　　用
Object	put(Object key,Object value)	加入元素，返回与此 key 关联的 value，不存在则返回 null
void	clear()	从集合中移除所有的映射关系
boolean	containsKey(Object key)	根据 key 从集合中判断 key 是否存在
boolean	containsValue(Object value)	根据 value 从集合中判断 value 是否存在
Object	get(Object key)	根据 key 返回 key 对应的值
Set	keySet()	返回 Map 集合中包含的键集合
Object	remove(Object key)	从集合中删除 key 对应的元素，返回与 key 对应的原有 value，不存在则返回 null
int	size()	返回集合中元素的数量
Collection	values()	返回所有 value 的集合

从上面定义的方法可以看出，Map 集合中所有的 key 组成 set 集合，而所有的 value 组成 Collection 集合，因此 Map 集合中的 key 是不能重复的，而 value 则没有这个要求。

Map 集合中的常用类有 Hashtable 和 HashMap，两个类的功能和用法相似，下面以 HashMap 为例介绍 Map 集合的用法。Map 集合同样支持泛型。

```
public class Test {
public static void main(String[] args) {
    Map<String,String> map=new HashMap<String,String>();
    map.put("001", "Tom");
```

```
        map.put("002", "Jack");
        String name = (String) map.get("002");
        System.out.println(name);
        /*迭代Map集合*/
        for(String key:map.keySet()){
            System.out.println("key:"+key+"\t values:"+map.get(key));
        }
    }
}
```

向 Map 中添加重复的 key，结果会怎样呢？看下面的代码：

```
public class Test{
public static void main(String[] args){
        Map<String,String> map=new HashMap<String,String>();
        map.put("001", "张三");
        map.put("002", "李四");
        map.put("002", "王五");
        String name=map.get("002");
        System.out.println(name);
    }
}
```

运行结果：

```
王五
```

向 Map 集合中添加 key-value 对的使用，如果 key 重复，则覆盖掉原来的 value。那么，Map 中是如何判断 key 值是否相等呢？因为 Map 中所有的 key 都放到了 Set 集合中，所以判断的标准就是 Set 集合判断的标准，可以参看 10.1.5 节。

Map 接口的实现类还有一个 Hashtable 类，HashMap 和 Hashtable 的操作是相同的，它们的区别如下：

（1）Hashtable 是线程安全的，HashMap 是非线程安全的，所以 HashMap 比 Hashtable 的性能更高。

（2）Hashtable 不允许使用 null 值作为 key 或 value，但是 HashMap 是可以的。

10.5 集合工具类

Java 提供了操作集合和数组的工具类：java.util.Arrays 和 java.util.Collections，这两个类中提供的方法都是静态方法，可以直接对数组和集合直接进行操作，这些操作包括排序、查询和修改等。

10.5.1 Arrays 类

Arrays 类包含用来操作数组（比如排序和搜索）的各种方法，常用方法如表 10-8 所示。

表 10-8 Arrays 中的常用方法

返 回 类 型	方 法 名 称	作　　用
List	asList(Object ...a)	使用动态参数，可以将一个数组转换为集合

续表

返 回 类 型	方 法 名 称	作　用
int	binarySearch(T[] a,T key)	使用二分法查询 key 元素在 a 数组中出现的索引，如果 a 数组不包含 key 元素值，则返回负数。调用该方法时要求数组中元素已经按照升序排列，这样才能得到正确结果
void	sort(T a)	对 a 数组的元素进行排序
String	toString(T a)	该方法将一个数组转换成一个字符串。该方法按顺序把多个元素连接在一起，多个数组元素使用英文逗号"，"和空格隔开

Arrays 类示例：

```
public class Test{
    public static void main(String[] args) {
        List<String> list=Arrays.asList("张三","李四","王五");
        for (String str : list) {
            System.out.println(str);
        }
        int[] arrays={234,43,5454,6,56};
        System.out.println(Arrays.toString(arrays));
    }
}
```

10.5.2　Collections 类

Collections 可以操作 Set、List 和 Map，对集合中存储的元素进行排序、查询和修改，还提供了将集合对象设置为不可变，对集合对象实现同步控制的方法。常用方法如表 10-9 所示。

表 10-9　Collections 中的常用方法

返 回 类 型	方 法 名 称	作　用
void	reverse(List list)	反转指定 List 集合中元素的顺序
void	sort(List list)	根据元素的自然顺序对指定 List 集合元素按照升序排列
int	binarySearch(List list,Object key)	使用二分搜索指定 List 集合，可以获得指定对象在 List 集合中的索引，必须保证 List 集合中的元素处于有序状态
Object	max (Collection coll)	根据元素的自然顺序，返回给定集合中最大元素
Object	min (Collection coll)	根据元素的自然顺序，返回给定集合中最小元素
T	synchronized × × ×(T t)	× × ×可以是 Collection、List、Map、Set,返回指定集合对象对应的同步对象，从而可以解决多线程并发访问集合时的线程安全问题

第**11**章

Java 文件操作

对文件系统的操作是编程中常用的技术之一。虽然大部分软件会选择将业务数据存储在数据库系统中，但诸如临时数据、日志信息、用户配置信息等往往需要存储在文件中。学习 Java 对文件系统的操作，首先要了解 Java 如何描述文件系统，然后再学习针对文件的输入/输出（I/O）操作。

Java 的 I/O 支持通过 java.io 包下的类和接口来完成。

11.1 文　　件

因为 Java 是平台无关的编程语言，而不同平台下文件系统的差异很大，Java 使用 File 类统一描述不同平台的文件系统。以 Windows 操作系统为例，在 Windows 操作系统中，文件系统主要由"磁盘分区""目录""文件"三者组成，三者均可使用 File 类进行描述。File 类能新建、删除和重命名文件和目录，但是它不能访问文件内容本身。如果要访问文件内容本身，则需要使用输入/输出流来完成。

表 11-1 列出了 File 类的常用方法。

表 11-1　File 类的常用方法

方 法 名 称	参　　数	作　　用	返 回 值
构造方法	String	传入文件或目录名，获取对应的文件或目录对象	—
canRead	无	文件是否可读	boolean：是否可读
canWrite	无	文件是否可写	boolean：是否可写
delete	无	删除文件或目录	boolean：操作结果
exists	无	文件或目录是否存在	boolean：是否存在
getAbsolutePath	无	获取绝对路径	String：绝对路径
getFreeSpace	无	获取分区的剩余空间	long：字节数量
getTotalSpace	无	获取分区的总空间	long：字节数量
getUsableSpace	无	获取分区的已用空间	long：字节数量
getName	无	获取文件或目录的名称	String：文件或目录名称

续表

方 法 名 称	参　　数	作　　用	返　回　值
isDirectory	无	是否为目录	boolean：是否为目录
isFile	无	是否为文件	boolean：是否为文件
isHidden	无	是否为隐藏文件或目录	boolean：是否隐藏
lastModified	无	获取文件最后修改时间	long：最后修改时间
length	无	获取文件长度	long：字节数量
listFiles	无	获取目录的子目录、文件	File[]：子目录和子文件
listRoots	无	获取所有磁盘分区	File[]：磁盘分区
mkdir	无	创建目录	boolean：是否创建成功

下面的代码示例使用上述方法列出了当前文件系统的分区，以及 C 盘根目录下的文件和目录：

```java
public class Test{
    public static SimpleDateFormat sdf=new SimpleDateFormat("yyyy-MM-dd");
    public static void main(String[] args){
        File[] disks=File.listRoots();          // 获取当前文件系统的所有磁盘分区
        System.out.println("系统磁盘分区情况: ");
        for (int i=0; i < disks.length; i++){
            File disk=disks[i];
            System.out.println(disk.getAbsolutePath() + "盘\t总空间:"
            + disk.getTotalSpace()/1024/1024/1024+"G\t剩余空间"
            + disk.getFreeSpace()/1024/1024/1024+"G");
        }
        File c=new File("C:");                   //获取C盘根目录
        if (!c.exists()) {
            System.out.println("未发现C盘");return;
        }
        System.out.println("C盘根目录结构: ");
        File[] files=c.listFiles();
        for (int i=0; i<files.length; i++){
            File file=files[i];
            if (file.isDirectory()){
                System.out.print("[目录]" + file.getName());
            }
            if (file.isFile()){
                System.out.print("[文件]" + file.getName());
                System.out.print("\t大小:" + file.length()/1024 + "K");
                Date date=new Date(file.lastModified());
                System.out.print("\t修改日期:"+sdf.format(date)+"\t");
                if (file.isHidden()) System.out.print("[隐藏]");
                if (!file.canWrite()) System.out.print("[只读]");
            }
            System.out.println();
        }
    }
}
```

运行结果:

```
系统磁盘分区情况:
C:\盘      总空间:39G    剩余空间23G
D:\盘      总空间:29G    剩余空间26G
E:\盘      总空间:68G    剩余空间60G
F:\盘      总空间:12G    剩余空间9G

C盘根目录结构:
[文件]boot.ini     大小:1K       修改日期:2009-06-12  [隐藏][只读]
[文件]bootfont.bin  大小:315K        修改日期:2003-03-27   [隐藏][只读]
[文件]CONFIG.SYS 大小:1K       修改日期:2009-06-12
[文件]Demo.java   大小:5K       修改日期:2009-08-12
[目录]Documents and Settings
[目录]Program Files
[目录]RECYCLER
[目录]System Volume Information
[目录]WINDOWS
```

11.2　流

Java 使用流的概念进行文件读/写操作。所谓流（Stream）可以理解为一串连续不断的数据的集合，就像水管里的水流，在水管的一端一点一点地供水，而在水管的另外一端看到的是一股连续不断的水流。由于计算机的外部 I/O 设备种类非常多，设备之间的差异也非常大，Java 中将应用程序与这些外围设备之间的数据交换抽象为流，一个流就是一个对象，流中定义了读/写数据的方法，这样 Java 应用程序只需要操作流对象就可以实现对外围设备的读和写操作。

Java 中的流是有方向的，要想正确地使用流，就必须搞清楚流的方向，也就是输入和输出的问题。Java 应用程序是运行在内存中的，而内存是计算机内部设备，计算机其他的硬件设备如键盘、磁盘、显示器等都称为外围设备，数据从外围设备"流"入到内存中，称为输入；从内存"流"出到外围设备中，称为输出。所以，数据究竟是"输入"还是"输出"，是以内存为参考点的。图 11-1、图 11-2 分别为输入流和输出流示意图。

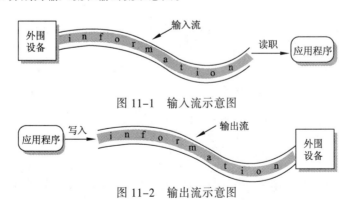

图 11-1　输入流示意图

图 11-2　输出流示意图

Java 中的流有很多类型：根据对流的操作不同可分为输入流和输出流等，根据流的操作对象不同可分为文件操作流或内存操作流等，根据流的操作特点不同可分为字节操作流和字符操作流等。不同类型的流有不同的应用范围，并被封装为不同的 Java 类。图 11-3 所示为常用的 I/O 流类型结构图。

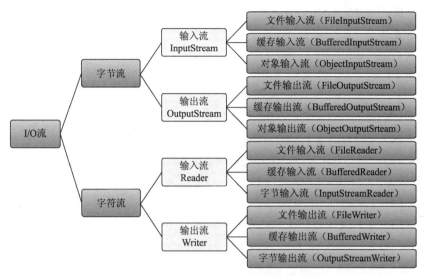

图 11-3　I/O 流结构图

I/O 流种类繁多，根据其命名可以快速进行区分，一般来说，I/O 流类名的后缀有 InputStream、OutputStream、Reader、Writer 四种，分别代表字节输入流、字节输出流、字符输入流、字符输出流。而前缀则代表了流的操作对象，比如 FileReader 代表对文件操作的字符输入流。

在对文件的读/写操作中，字节流可用于读/写二进制文件，字符流用于读/写文本文件。所谓二进制文件，指文件无字符编码格式，均由字节（B）组成，图片文件、Word 文档等均为二进制文件。文本文件是一种特殊的二进制文件，也由字节组成，但需要通过特定的字符编码格式读取或写入，否则会出现乱码，扩展名为 txt 的文件就是典型的文本文件。

11.2.1　字节流

程序从中读取连续字节的对象叫作输入流，用 java.io.InputStream 类完成；程序向其中连续写入字节的对象叫作输出流，用 java.io.OutputStream 类完成。InputStream 和 OutputStream 是两个抽象类，不能表明对应哪种 I/O 设备。它们下面有许多子类（见图 11-3）。

1. InputStream

InputStream 定义了 Java 的输入流模型。该类中的所有方法遇到错误时都会引发 java.lang. IOException 异常。该类的常用方法如表 11-2 所示。

表 11-2　InputStream 常用方法

返 回 类 型	方 法 名 称	说　　　明
int	read()	返回下一个输入字节的整数表示，返回-1 表示遇到文件尾结束
int	read(byte[] b)	读入 b.length 个字节到 b 数组中，并返回实际读入的字节数
long	skip(long n)	跳过输入流上的 n 个字节并返回实际跳过的字节数
int	available()	返回当前输入流中可读取的字节数
void	close()	关闭输入流，系统释放与这个流关联的资源

InputStream 是一个抽象类，程序中实际上使用它的各种子类来实例化一个流对象。FileInputStream 可以关联到文件系统中的一个文件，使用它可以对文件进行读取。

使用文件输入字节流（FileInputStream）读取文件分为以下 3 个步骤：

（1）开打文件。

（2）按字节读取文件。

（3）关闭文件。

其中，打开文件通过向 FileInputStream 的构造函数传入文件名或 File 对象完成，如果文件不存在会抛出 FileNotFoundException 异常。

按字节读取文件内容通过 FileInputStream 实例的 read()方法实现，read()方法按顺序读取文件中的字节，返回 int 型，返回值在–1～255 之间，如果返回–1 说明已读到文件尾，当读取发生错误时 read()方法会抛出 IOException 异常。

关闭文件通过 FileInputStream 实例的 close()方法实现，关闭时遇到错误会抛出 IOException 异常。下面是读取 C 盘根目录下名为 1.txt 文件的示例：

```java
import java.io.File;
import java.io.FileInputStream;
import java.io.FileNotFoundException;
import java.io.IOException;
public class Test {
    public static void main(String[] args) {
        File file = new File("C:/1.txt");
        try {
            //打开文件。
            FileInputStream fis=new FileInputStream(file);
            int i;
            //读取的字节保存到变量 i 中，如果 i 的值为-1 说明读到了文件尾，退出循环
            while ((i=fis.read())!=-1){
                //读取出来的是字节的 ASCII 码，转换为 char 型输出
                System.out.print((char)i);
            }
            fis.close();
        } catch (FileNotFoundException e){
            System.out.println("文件未找到! ");
        } catch (IOException e){
            System.out.println("文件操作时发生异常! ");
        }
    }
}
```

分三次运行上面的示例，首次运行时不在 C 盘建立 1.txt，程序会输出"文件未找到！"；然后创建 1.txt，内容均为英文，再次运行程序，会输出文件的内容；最后将 1.txt 的内容改为中文，再次运行程序，会发现输出内容为乱码。可见字节流不适用于读取文本文件。

接下来测试 FileInputStream 的效率，通过复制、粘贴使 1.txt 文件的长度足够大，改写代码如下：

```java
import java.io.File;
import java.io.FileInputStream;
import java.io.FileNotFoundException;
import java.io.IOException;
public class Test{
    public static void main(String[] args){
```

```
            File file=new File("C:/1.txt");
            try {
                FileInputStream fis=new FileInputStream(file);
                long startTime=System.currentTimeMillis();
                int i;
                while ((i=fis.read())!=-1) {
                    //为保证测试的准确，去掉打印输出
                long endTime=System.currentTimeMillis();
                System.out.println("总用时: "+(endTime-startTime));
                fis.close();
            } catch (FileNotFoundException e){
                System.out.println("文件未找到! ");
            } catch (IOException e){
                System.out.println("文件操作时发生异常! ");
            }
        }
    }
```

再次运行代码会发现读取文件耗时很长，效率较低。究其原因，FileInputStream 提供的 read() 方法每运行一次均会发出一次 I/O 读取操作，一次读一个字节，效率很低。

程序访问外围设备，要比直接访问内存慢得多，如果每次调用流的读/写方法都直接读/写外围设备，CPU 就要花费更多的时间等待外围设备。在内存中开辟一个缓冲区，流首先将数据读/写到这个内存缓冲区中，只有这个缓冲区装满后，系统才将这个缓冲区的内容进行处理，以此来提高效率。

因此，Java 提供了缓存输入流（BufferedInputStream），能够在一次 I/O 读取操作中读取多个字节，降低了 I/O 读取的频率，提高了代码效率。

BufferedInputStream 有两个构造方法：

（1）public BufferedInputStream(InputStream in)

（2）public BufferedInputStream(InputStream in,int size)

它需要一个 InputStream 对象作为参数，而 FileInputStream 就是 InputSteam 的一个子类，所以可以将 FileInputStream 类型的对象传递给 BufferedInputStream 的构造方法，也就是说使用 BufferedInputStream 可以将 FileInputStream 的对象进行包装，使得流具备缓冲的功能。这就好比两个功能不同的水管对接一样，将两个流进行对接，实际操作时，只需要操作缓冲流就可以了。

下面使用缓存输入流改写上面的例子：

```
import java.io.BufferedInputStream;
import java.io.File;
import java.io.FileInputStream;
import java.io.FileNotFoundException;
import java.io.IOException;
public class Test{
    public static void main(String[] args){
        File file=new File("C:/1.txt");
        try {
            FileInputStream fis=new FileInputStream(file);
            BufferedInputStream bis=new BufferedInputStream(fis);
            long startTime=System.currentTimeMillis();
```

```
            int i;
            while ((i=bis.read())!=-1){
                //为保证测试的准确，去掉打印输出
            }
            long endTime=System.currentTimeMillis();
            System.out.println("总用时: "+(endTime-startTime));
            bis.close();
        } catch (FileNotFoundException e){
            System.out.println("文件未找到! ");
        } catch (IOException e){
            System.out.println("文件操作时发生异常! ");
        }
    }
}
```

运行后会发现，改写后的代码速度提升了很多。一般来说，在读取文件时需要使用缓存输入流和文件输入流。

2. OutputStream

OutputStream 表示输出流，它与 InputStream 一样是一个抽象类，定义了输出流的常用方法。它的子类有 FileOutputStream 和 BufferedOutputStream。FileOutputStream 关联到文件系统中的文件，实现对文件的写入，而 BufferedOutputStream 是一个缓冲流，可以用来"包装"FileOutputStream实现缓冲功能。

OutputStream 类中所有方法都返回 void，并在遇到错误时引发 java.lang.IOException 异常。OutputStream 类的常用方法如表 11-3 所示。

表 11-3　OutputStream 的常用方法

返 回 类 型	方 法 名 称	说　　明
void	write (int b)	将一个字节写到输出流
void	write (byte[] b)	将整个字节数组写入到输出流中
void	write (byte[] b,int off,int len)	写入字节数组 b 中的从 off 开始的 len 个字节
void	flush	彻底完成输出并清空缓冲区
void	close()	关闭缓冲区

文件输出流（FileOutputStream 是 OutputStream 的子类，它的使用也分为开发文件、输出、关闭文件三部分，例如：

```
import java.io.File;
import java.io.FileOutputStream;
import java.io.IOException;
public class Test{
    public static void main(String[] args){
        File file=new File("C:/1.txt");
        try {
            FileOutputStream fos=new FileOutputStream(file);
            //65、66、67分别为A、B、C的ASCII码
            fos.write(65);
            fos.write(66);
```

```
                fos.write(67);
                fos.close();
            } catch (IOException e) {
                System.out.println("文件操作时发生异常! ");
            }
        }
    }
```

在使用文件输出流时，如果目标文件不存在，会创建该文件；如果目标文件存在会覆盖该文件的内容。如果当目标文件存在时不想覆盖原内容，而是进行追加输出，可以按如下方式构架 FileOutputStream 实例：

```
FileOutputStream fos=new FileOutputStream(file, true);
```

单独使用文件输出流也存在效率问题，同样可以使用缓存输出流 BufferedOutputStream 进行改善，如下例所示：

```
import java.io.BufferedOutputStream;
import java.io.File;
import java.io.FileOutputStream;
import java.io.IOException;
public class Test{
    public static void main(String[] args){
        File file=new File("C:/1.txt");
        try {
            FileOutputStream fos=new FileOutputStream(file);
            BufferedOutputStream bos=new BufferedOutputStream(fos);
            bos.write(65);
            bos.write(66);
            bos.write(67);
            //flush 方法用于强制将缓存中内容输出
            bos.flush();
            bos.close();
        } catch (IOException e) {
            System.out.println("文件操作时发生异常! ");
        }
    }
}
```

提示：缓存输出流会将输出的内容缓存在内存中，如果忘记调用 flush()方法，则不会将内容输出到磁盘中。

另外，调用缓存输出流的 close()方法时会自动运行 flush()方法。

下面综合使用文件输入、输出流实现一个图片文件复制的例子。本例的基本思路是：使用文件输入流 FileInputStream 与被复制的文件关联，再将 FileInputStream 使用 BufferedInputStream 进行包装以提高效率；使用文件输出流 FileOutputStream 与目标输出文件关联，再将 FileOutputStream 使用 BufferedOutputStream 进行包装以提高效率；建立了输入流后，使用循环不断地从输入流中读取字节，然后再将读取到的字节写入到输出流中，直到读取到输入流的末尾为止，这样就完成了文件的复制。

```
import java.io.BufferedInputStream;
import java.io.BufferedOutputStream;
```

```java
import java.io.File;
import java.io.FileInputStream;
import java.io.FileOutputStream;
import java.io.IOException;
public class Test{
    public static void main(String[] args) {
        File sourceFile=new File("C:/source.jpg");
        File targetFile=new File("C:/target.jpg");
        try {
            if (!sourceFile.exists()){
                System.out.println("源文件不存在! ");
                return;
            }
            if (targetFile.exists()){
                System.out.println("目标文件已经存在! ");
                return;
            }
            BufferedInputStream bis=
                new BufferedInputStream(new FileInputStream(sourceFile));
            BufferedOutputStream bos=
                new BufferedOutputStream(new FileOutputStream(targetFile));
            int i;
            while ((i=bis.read())!=-1){
                bos.write(i);
            }
            bis.close();
            bos.close();
            System.out.println("文件复制完成! ");
        } catch (IOException e) {
            System.out.println("文件操作时发生异常! ");
        }
    }
}
```

11.2.2　字符流

　　Java 中的字符是 Unicode 编码，是双字节的，而 InputStream 与 OutputStream 是用来处理字节的，在处理字符文本时不太方便，需要编写额外的程序代码。Java 为字符文本的输入/输出专门提供了一套单独的类，java.io.Reader、java.io.Writer 两个抽象类与 InputStream 与 OutputStream 两个类对应，同样 Reader 与 Writer 下面有许多子类，对具体 I/O 设备进行字符输入/输出（见图 11-3）。

1. Reader

　　字符流的操作方式与字节流基本相同，字符流会根据当前操作系统与语言环境选择适当的字符编码方式读/写文件，适合读取文本文件。因为字符流会对文件内容编码，所以不能用于读取二进制文件。下面使用文件输入流 FileReader 和缓存输入流 BufferedReader 来读取文本。BufferedReader 提供了按行读取文本文件的功能，一次读取一行，读到文件尾返回 null。

　　Reader 示例：

```java
import java.io.BufferedReader;
import java.io.File;
import java.io.FileNotFoundException;
import java.io.FileReader;
import java.io.IOException;
public class Test {
    public static void main(String[] args){
        File f=new File("C:/1.txt");
        try {
            FileReader fr=new FileReader(f);
            BufferedReader br=new BufferedReader(fr);
            String s;
            while ((s=br.readLine())!=null){
                System.out.println(s);
            }
            br.close();
        } catch (FileNotFoundException e){
            System.out.println("文件未找到! ");
        } catch (IOException e){
            System.out.println("读取失败! ");
        }
    }
}
```

2. Writer

下面使用文件输出流 FileWriter 与缓存输出流 BufferedWriter 向文本文件中写入文本。同样，BufferedWriter 提供了输出整个字符串的方法，需要注意的是，如果要输出换行符，不能简单地使用 "\n"，因为不同操作系统定义的换行符是不一样的，推荐使用 BufferedWriter 提供的 newLine() 方法输出换行。

Writer 示例：

```java
import java.io.BufferedWriter;
import java.io.File;
import java.io.FileWriter;
import java.io.IOException;
public class Test{
    public static void main(String[] args){
        File f=new File("C:/1.txt");
        try {
            FileWriter fw=new FileWriter(f);
            BufferedWriter bw=new BufferedWriter(fw);
            bw.write("中文输出也没有问题");
            bw.newLine();
            bw.write("换行推荐使用 newLine()方法");
            bw.close();
        } catch (IOException e){
            System.out.println("写入失败! ");
        }
```

```
    }
}
```

11.3   Properties 类

读/写配置文件是文件操作中最常见的应用之一，在 Windows 应用程序中，通常使用 *.ini 文件作为应用程序的用户配置文件，而在 Java 中使用 *.properties 文件作为用户配置文件，可以实现用户配置和国际化的功能。

不管是*.ini 文件还是 *.properties 文件，内容的结构都是一样的，都是文本文件（内容是文本的文件，与扩展名无关），文件中存储的是 key=value 的一行一行的数据。这种结构就是一种 Map 结构。java.util 包中提供了 Properties 类简化对这种配置文件的读/写操作。Properties 与 HashMap 类似，它实现了 Map 接口，属于 Map 集合，所以 Properties 适合读/写键值对形式的配置文件；Properties 中提供了 load 和 store 两个方法，方便了从文件读/写集合的内容。下面是使用 Properties 保存配置文件的例子：

```java
import java.io.File;
import java.io.FileOutputStream;
import java.io.IOException;
import java.util.Properties;
public class Test {
    public static void main(String[] args){
        File f=new File("C:/config.properties");
        Properties prop=new Properties();
        prop.put("font-size", "14px");
        prop.put("color", "红色");
        try {
            prop.store(new FileOutputStream(f), "配置文件注释");
        } catch (IOException e){
            System.out.println("保存配置文件错误！");
        }
    }
}
```

代码运行后，config.properties 中的内容如下：

```
#\u914D\u7F6E\u6587\u4EF6\u6CE8\u91CA
#Mon Aug 17 16:47:11 CST 2009
color=\u7EA2\u8272
font-size=14px
```

可以发现，Properties 类在输出中文时，都将其转变成了\u + Unicode 码的形式。下面演示读取该配置文件：

```java
import java.io.File;
import java.io.FileInputStream;
import java.io.FileNotFoundException;
import java.io.IOException;
import java.util.Properties;
public class Test{
    public static void main(String[] args){
        File f=new File("C:/config.properties");
```

```
        Properties prop=new Properties();
        try {
            prop.load(new FileInputStream(f));
            String fontSize=prop.getProperty("font-size");
            String color=prop.getProperty("color");
            System.out.println(fontSize);
            System.out.println(color);
        } catch (FileNotFoundException e){
            System.out.println("配置文件未找到！");
        } catch (IOException e){
            System.out.println("配置文件读取失败！");
        }
    }
}
```

读取时，Properties 又会将 Unicode 码转换为中文。

问题： Properties 也是通过字节流进行文件读/写的，为什么读出来的不是乱码呢？

因为 Properties 在保存中文的时候没有直接按字节输出，而是将中文转为 "\u + Unicode" 字符输出的，比如中文 "红色" 就被转换为 "\u7EA2\u8272" 这个字符串输出，这样在读取时，只要读到 "\u" 开头的内容，就知道这是以 Unicode 编码的字符，再进行相应的转换得到正确的内容。

这样做虽然避免了中文乱码，但是一个中文字符会变为 "\uxxxx" 6 个字符输出，比较浪费磁盘空间。并且，输出的内容不容易阅读，所以在 JDK 1.6 中，Properties 的 store 和 load 方法也支持传入字符流，直接输入、输出中文。但是为了与较早出现的软件兼容，还是推荐使用传入字节流这种老的方法。

11.4　序列化与反序列化

当程序运行时，程序所创建的各种对象都位于内存中；当程序运行结束时，这些对象就结束了生命周期。对象序列化的目标是将对象保存到磁盘上，或者允许在网络中直接传输对象。

对象的序列化（Serialize）是将内存中的 Java 对象转换为字节序列，然后将字节序列写入到 I/O 流中，I/O 流的写入目标可以是与磁盘上的文件，也可以是网络。与此对应的是对象的反序列化（Deserialize）——把字节序列恢复为 Java 对象。

如果需要让某个类的对象可以支持序列化，则这个类必须要实现 java.io. Serializable 接口或者 java.io. Externalizable 接口，Externalizable 接口是 Serializable 的子接口。Serializable 接口是一个标记接口，该接口中没有定义任何方法，Java 中很多类都实现了该接口，表明该类是可以被序列化的。如果类没有实现这两个接口中的任何一个，那么序列化该类的对象时，就会引发异常。

如果需要将某个对象保存到磁盘上或者通过网络传输，那么这个对象的类应该实现 Serializable 接口或者 Externalization 接口，然后使用 java.io.ObjectOutputStream 流输出。ObjectOutputStream 的对象代表输出流，它的 writeObject(Object obj) 方法可以对参数指定的 obj 对象进行序列化，把对象的字节序列写入到一个目标输出流中。

定义一个 Student 类，实现 Serializable 接口：

```java
import java.io.Serializable;
public class Student implements Serializable{
    public String name;
    public int age;
    public Student(String name, int age){
        this.name=name;
        this.age=age;
    }
    public String toString(){
        return name + ", " + age;
    }
}
```

将 Student 对象序列化到磁盘文件中：

```java
import java.io.FileOutputStream;
import java.io.IOException;
import java.io.ObjectOutputStream;
public class Test{
    public static void main(String[] args){
        Student s1=new Student("Tom", 20);
        Student s2=new Student("杰瑞", 23);
        try {
            FileOutputStream fos = new FileOutputStream("C:/1.dat");
            ObjectOutputStream oos = new ObjectOutputStream(fos);
            oos.writeObject(s1);
            oos.writeObject(s2);
            oos.close();
        } catch (IOException e){
            System.out.println("操作错误！");
        }
    }
}
```

java.io.ObjectInputStream 可以实现将对象进行反序列化，把字节还原为对象，如下代码：

```java
public class Test {
    public static void main(String[] args){
        try {
            FileInputStream fis=new FileInputStream("c:/1.dat");
            ObjectInputStream ois=new ObjectInputStream(fis);
            Student stu1=(Student) ois.readObject();
            Student stu2=(Student) ois.readObject();
            ois.close();
            System.out.println(stu1.toString());
            System.out.println(stu2.toString());
        } catch (Exception e) {
            e.printStackTrace();
            System.out.println("操作错误！");
        }
    }
}
```

第**12**章

Java 网络编程

上网浏览网页的过程是这样的：打开浏览器程序，然后在浏览器的地址栏中输入一个 URL 地址，然后回车，此时浏览器程序就会向指定的 URL 地址所指向的 Web 服务器发送一个请求，Web 服务器收到请求之后运行后台程序将网页的内容从远程传输到用户的浏览器中，浏览器将内容显示出来。网络编程最基础的任务就是开发像浏览器这样的客户端程序，以及像 Web 服务器这样的服务器程序，并且两者有条不紊地交换数据。要编写网络应用程序，首先必须明确网络程序所要使用的网络协议。TCP/IP 是网络应用程序的首选协议，大多数网络程序都是以这个协议为基础的。

12.1 网络编程基础

所谓计算机网络，就是把分布在不同地理区域的计算机通过专门的外围设备用通信线路连接成一个规模大、功能强的网络系统，计算机之间可以方便地相互传递信息。

计算机网络中需要的设备如通信介质、计算机硬件、计算机使用的操作体统、路由设备都是不同厂家生产的，那么如何实现不同传输介质上不同软硬件资源之间的共享呢？这就需要计算机与相关设备按照相同的协议，也就是通信规则来进行通信。这正如人类进行通信、交谈时要使用相同的语言一样。

网络协议规定了计算机之间的物理、机械（网线与网卡的链接规则）、电气（有效的电平范围）等特性以及计算机之间的相互寻址规则、数据发送冲突的解决、长的数据如何分段传送与接收等。 国际标准化组织（ISO）于 1978 年提出"开放系统互连参考模型"，即著名的 OSI(Open System Interconnection)。开放系统互连参考模型力求将网络简化，并以模块化的方式来设计网络，将网络分成物理层、数据链路层、网络层、传输层、会话层、表示层、应用层，如图 12-1 所示。

图 12-1 OSI 推荐的七层参考模型

12.1.1 IP 协议

IP（Internet Protocol）是支持网间互联的数据报协议，它提供网间链接的完善功能，包括 IP 数据报规定互联网络范围内的地址格式。在现实生活中，进行货物运输时都是把货物包装成一个个的纸箱或者是集装箱之后才进行运输，在网络世界中各种信息也是通过类似的方式进行传输的。IP 协议规定了数据传输时的基本单元和格式。如果比作货物运输，IP 协议规定了货物打包时的包装箱尺寸和包装的程序。除了这些以外，IP 协议还定义了数据包的递交办法和路由选择。同样用货物运输做比喻，IP 协议规定了货物的运输方法和运输路线。

12.1.2　TCP 协议

TCP（Transmission Control Protocol）协议即传输控制协议，它提供了可靠的面向对象的数据流传输服务的规则和约定。简单地说在 TCP 模式中，A 发一个数据包给 B，B 要发一个确认数据包给 A，通过这种确认来提供可靠性。

虽然 IP 和 TCP 这两个协议功能不尽相同，也可以分开单独使用，但它们是在同一个时期作为一个协议来设计的，并且在功能上也是互补的。因此，实际使用中常常把这两个协议统称为 TCP/IP 协议，TCP/IP 协议最早出现在 UNIX 操作系统中，现在几乎所有的操作系统都支持 TCP/IP 协议，因此 TCP/IP 协议也是 Internet 中最常用的基础协议。

12.1.3　IP 地址与端口号

Internet 上的每台主机（Host）都有一个唯一的 IP 地址。在基于 IP 协议网络中传输的数据包，都必须使用 IP 地址来进行标识。如同写信，要标明收信人的通信地址和发信人的地址，而邮政工作人员则通过该地址来决定邮件的去向。计算机网络中每个被传输的数据包也要包括一个源 IP 地址和一个目的 IP 地址，当该数据包在网络中进行传输时，这两个地址要保持不变，以确保网络设备总能根据确定的 IP 地址，将数据包从源通信实体送往指定的目的通信实体。

目前 IP 地址在计算机中使用 4 个字节，也就是 32 位二进制数来表示，称为 IPv4。为了便于记忆和使用，通常采取用每个字节的十进制数，并且每个字节之间用圆点隔开的文本格式来表示 IP 地址，如 192.168.0.1。随着计算机网络规模的不断扩大，用 4 个字节来表示 IP 地址已经不够用了，于是决定使用 16 个字节，也就是 128 位二进制表示 IP 地址的格式，称为 IPv6，这是 IPv4 的下一代 IP 协议。

IP 地址可以唯一地确定网络上的一个计算机，但一台计算机上可以同时运行多个网络程序，IP 地址只能保证把数据送到该计算机，但不能保证把这些数据交给哪个网络程序，因此每个被发送的网络数据包的头部都包含一个称为"端口"的部分，它是一个 16 位二进制数的整数，用于表示该数据交给哪个应用程序来处理。通常需要为网络程序指定一个端口号，不同的应用程序接收不同端口上的数据，同一台计算机上不能有两个使用同一端口的程序运行。端口的范围为 0～65 535，0～1 023 之间的端口用于一些知名的网络服务和应用，我们自己编写的普通网络应用程序应该使用 1 034 以上的端口号，从而避免端口号已被另一个应用或者系统服务所用。

12.1.4　UDP

UDP（User Datapram Protocol）即用户数据报协议，是一种面向非连接的协议。面向非连接指的是在正式通信前不必与对方先建立连接，不管对方状态就直接发送，至于对方是否可以接收到这些数据内容，UDP 协议无法控制，因此 UDP 协议是一种不可靠的协议。UDP 适用于一次只传送少量数据，对可靠性要求不高的应用环境。因为 UDP 协议是面向非连接的协议，没有建立连接的过程，因此它的通信效率高，但它的可靠性不如 TCP 协议高。

UDP 与 TCP 协议对比如下：

（1）TCP 协议：可靠，传输大小无限制，但是需要连接建立时间，差错控制开销大。

（2）UDP 协议：不可靠，差错控制开销小，传输大小限制在 64 KB 以下，不需要建立连接。

12.1.5　InetAddress 对象定位主机

Java 为网络应用提供了 java.net 包，该包中的 URL 和 URLConnection 等类提供了以编程方式访问 Web 服务的功能，InetAddress 类代表 IP 地址，它还有两个子类：Inet4Address、Inet6Address，分别对 IPv4 和 IPv6 提供支持。

InetAddress 类没有提供构造方法，而是提供了 3 个静态方法来获取 InetAddress 实例对象：

（1）getByName(String host)：根据主机获取对应的 InetAddress 对象。

（2）getByAddress(byte[] addr)：根据原始 IP 地址来获取对应的 InetAddress 对象。

（3）getLocalHost()：获取本机所对应的 InetAddress 对象，

InetAddress 还提供了如下 3 个方法来获取原始 IP 地址来获取对应的 IP 地址和主机名：

（1）String getCannoicalHostName()：获取此 IP 地址的全限定域名。

（2）String getHostAddress()：返回该 InetAddress 实例对应的 IP 地址字符串。

（3）String getHostName()：获取此 IP 地址的主机名。

InetAddress 定位主机示例：

```java
public class Chapter12_01 {
    public static void main(String[] args) throws UnknownHostException {
        InetAddress localHost=InetAddress.getLocalHost();      //本地主机
        System.out.println(localHost.getHostName());           //输出主机名字
        System.out.println(localHost.getHostAddress());        //输出主机 IP 地址
        //通过域名获取主机
        InetAddress sohuHost=InetAddress.getByName("www.sohu.com");
        System.out.println(sohuHost.getHostName());
        System.out.println(sohuHost.getHostAddress());
        //一个域名可以绑定多个 IP 地址
        InetAddress[] sohuHosts=InetAddress.getAllByName("www.sohu.com");
        System.out.println(Arrays.toString(sohuHosts));
        //直接使用 IP 地址获取主机
        InetAddress remoteHost=InetAddress.getByName("192.168.1.200");
        System.out.println(remoteHost.getHostName());
    }
}
```

12.2　基于 TCP 协议的 Socket 编程

使用 TCP/IP 协议开发的应用程序，一般均会分为服务器端和客户端两部分。服务器端的主要功能是侦听服务器的某一端口，接收客户端的请求，与客户端进行数据交换（接收客户端数据并向客户端发送数据）。

客户端与服务器端通过 TCP 协议建立一个连接,这个连接用于发送和接收数据。客户端与服务端交换数据的时候,TCP 收集数据信息包,并将其按照适当的次序发送,在接收端收到后再将其正确的还原。数据包可以从服务端到客户端,也可以是从客户端到服务端。TCP 协议保证了数据包在传输过程中是准确无误的,因为它使用了重发机制:当计算机 A 向计算机 B 发送了一个消息之后,计算机 A 需要收到计算机 B 确认的消息,如果没有收到确认信息,则计算机 A 会再次重新发送先前发送过的信息。

12.2.1 使用 ServerSocket 进行服务器端开发

图 12-2 中看到两个相互通信的计算机之间好像没有客户端和服务器端之分,但是在两台计算机还没有建立连接链路之前,必须有一个计算机主动接收来自其他计算机的连接请求,主动接收其他计算机连接的计算机就是服务端,而请求连接的计算机就是客户端。

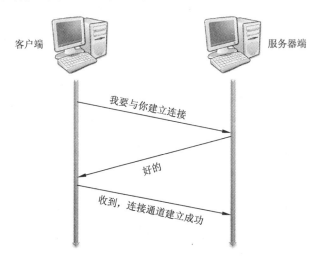

图 12-2　三次握手建立连接通道

Java 使用 ServerSocket 类的实例实现端口侦听,需要注意的是一个 ServerSocket 实例只能侦听一个本地端口,如果端口号已经被占用,则会抛出 java.net.BindException 异常。ServerSocket 类的实例负责打开计算机上的某个端口,然后在这个端口上监听来自客户端的连接,如果没有来连接,它将一直处于等待状态。ServerSocket 实例的 accept() 方法用来监听并接收客户端的请求,该方法在运行时会阻塞当前程序直到连接建立为止,一旦连接建立成功,accept() 方法会返回一个 Socket 类的实例,通过该实例的 getInputStream() 和 getOutputStream() 方法接收或向客户端发送数据。最后调用 ServerSocket 实例或 Socket 实例的 close() 方法关闭连接。

接下来的代码实现了一个简单的服务器,用于侦听 3333 端口,一旦建立连接,即向客户端发送一段字符串,随后关闭连接。因为现在没有编写客户端程序,暂时使用浏览器代替客户端(浏览器的工作模式:在地址栏中输入服务器地址后,浏览器向该地址发出连接请求,连接建立后发送请求的页面信息,并接收服务器返回的信息并显示)。

```java
public class Chapter12_02 {
    public static void main(String[] args) throws IOException{
        //创建 serverSocket 对象,它监听 3333 端口号
```

```
        ServerSocket server=new ServerSocket(3333);
        System.out.println("等待客户端连接……");
        //等待客户端链接，该行代码后面的代码暂时不运行，直到有客户端链接
        Socket client=server.accept();
        System.out.println("有客户请求，通过流向客户端发送数据.....");
        BufferedWriter writer=new BufferedWriter(new OutputStreamWriter
            (client.getOutputStream()));            //第 10 行
        writer.write("<BODY>这是服务器反馈的<B>数据</B>。</BODY>");
        writer.flush();                             //第 12 行
        client.close();
        server.close();
    }
}
```

第 10 行中的 getOutputStream 返回的是针对客户端的字节流，如果直接使用该流进行输出，会出现中文乱码和效率低下的问题，所以首先使用 OutputStreamWriter 将其转换为字符流，再使用 BufferedWriter 增加缓存功能。

第 12 行因为在输出时使用了缓存，必须调用 flush()方法才能将缓存中的内容进行实际输出。

代码运行后输出"等待客户端连接……"，然后程序会一直等待，此时打开浏览器，在地址栏输入"http://localhost:3333"，会与服务器建立连接并显示如图 12-3 所示的内容。

图 12-3　浏览器中显示的结果

当浏览器显示出图 12-3 中的内容后，新建另一个浏览器窗口，依旧输入"http://localhost:3333"，此时会出现页面无法显示的错误。这是因为刚才的代码只能接受一次客户端的连接，当连接结束后程序也运行完成，不再侦听端口。下面对刚才的代码进行改写，使服务器能够在处理完一个连接请求后还能继续处理下一个请求：

```
public class Chapter12_03{
    public static void main(String[] args) throws IOException{
        ServerSocket server=null;
        server=new ServerSocket(3333);
        int count=0; // count 用来保存连接数量
        while (true){
            Socket client=server.accept();
            count++;
            BufferedWriter writer=new BufferedWriter(new OutputStreamWriter
                (client.getOutputStream()));
```

```
        writer.write("<HTML><BODY><P>您是本服务器的第<B>" + count + "</B>个
            客户</B>。");
        writer.write("<P>欢迎下次光临");
        writer.write("</BODY></HTML>");
        writer.flush();
        client.close();
        }
    }
}
```

运行程序后，浏览器可以多次访问该端口，结果如图 12-4 所法。

图 12-4   浏览器中显示的结果

可以看出代码最大的改变是将接收的客户端请求到发送数据部分放入循环中，这样当一次连接结束后，程序又会进入下一次等待并接收客户端的请求。

接下来演示如何通过服务器接收客户端发送的数据，本例中依然使用浏览器作为客户端，当浏览器访问服务器时，均会向服务器发送一些信息，本例用来接收浏览器发送的请求信息并打印出来：

```
public class Chapter12_04 {
    public static void main(String[] args) throws IOException {
        ServerSocket server=new ServerSocket(3333);
        System.out.println("等待客户端连接……");
        Socket client=server.accept();
        BufferedReader reader=new BufferedReader(new InputStreamReader
            (client.getInputStream()));            //第 7 行
        String s=null;
        while ((s=reader.readLine())!= null) {     //第 9 行
            System.out.println(s);
        }
        reader.close();
    }
}
```

第 7 行中的 getInputStream 返回针对客户端的输入字节流，同样需要包装为带缓存的字符流。

第 9 行中的 readLine() 方法同样会阻塞当前程序的运行，直到从客户端接收到包含换行符的数据为止。如果客户端结束连接，readLine 会读到 null，作为通信结束的标志。但因为本例中使用的浏览器非标准 Java 客户端，结束标志不是 null，程序会一直进行死循环。

程序运行后，使用浏览器访问“http://localhost:3333”，会在服务器端输出类似于下面的信息：

```
等待客户端连接......
GET / HTTP/1.1
Accept: image/gif, image/jpeg, image/pjpeg, image/pjpeg,
application/x-ms-application, application/x-ms-xbap,
application/vnd.ms-xpsdocument,application/xaml+xml, application/vnd.ms-excel,
application/vnd.ms-powerpoint, application/msword, application/QVOD,
application/QVOD, */*
Accept-Language: zh-cn
Accept-Encoding: gzip, deflate
User-Agent:Mozilla/4.0 (compatible; MSIE 8.0; Windows NT 5.2; Trident/4.0; .NET
CLR 1.1.4322; .NET CLR 2.0.50727; .NET CLR 3.0.4506.2152; .NET
CLR 3.5.30729; .NET4.0C; .NET4.0E)
Host: localhost:3333
Connection: Keep-Alive
```

12.2.2　使用 Socket 进行客户端开发

在客户/服务器通信模式中，服务器的 ServerSocket 对象在调用了 accept()方法后就被阻塞，在某个端口上等待客户端请求的到来。客户端就需要主动创建与服务器连接的 Socket 对象。在上面的例子中，浏览器创建了 Socket 对象。在客户端创建 Socket 对象时，就需要指定要连接的服务器的地址和端口号，这样客户端就会主动去连接指定的服务器。而服务器一旦收到了客户端的请求之后，accept 对象就会返回一个 Socket 对象，这个对象表示请求的那个客户端的 Socket 对象。

首先运行例中的 Chapter12_04 类启动服务器，让其在 3333 端口上监听客户端的请求，然后编写客户端代码：

```
public class Chapter12_05_Client {
    public static void main(String[] args) throws IOException {
        try {
            Socket socket=new Socket("127.0.0.1", 3333);
            BufferedWriter writer=new BufferedWriter(new OutputStreamWriter
              (socket.getOutputStream()));
            writer.write("服务器, 你好啊! ");
            writer.newLine();
            writer.write("我是Java程序编写的客户端! ");
            writer.newLine();
            writer.flush();
            socket.close();
        } catch (UnknownHostException e) {
            System.out.println("无法连接到服务器! ");
        } catch (IOException e) {
            System.out.println("遇到错误");
        }
    }
}
```

程序的第 4 行使用服务器的 IP 地址（也可以是域名）与端口号构造 Socket 实例，构造时即向服务器发出连接请求，如果服务器 IP 地址不正确会抛出 UnknownHostException 异常，如果端口不正确会抛出 ConnectException 异常。也可以通过传入 InetAddress 实例与端口号构造 Socket 实例。

运行客户端，会发现服务器端成功接收了客户端的数据并进行输出。

问题：服务器端进行侦听时必须指定端口号，如果客户端进行连接时没有指定端口号，是不是客户端不需要呢？

无论客户端还是服务器端要进行通信都必须使用端口，区别在于服务器端的端口一般要告知客户端，不能经常改变，所以必须明确地指定端口号；而客户端的端口号不需要公布，由系统随机生成。可以通过调用客户端 Socket 的 getLocalPort()方法获取客户端使用的端口号。

下面通过验证客户端注册码的例子，演示客户端与服务器端之间的复杂交互。现在很多软件在安装时都要求安装者输入用户名和注册码，然后将用户名和注册码发送到验证服务器进行验证，服务器返回验证结果，如果成功可以继续安装，失败则不能进行安装。现在实现其中的验证部分，流程图如图 12-5 所示。

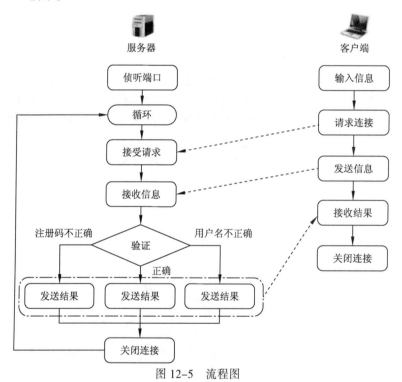

图 12-5　流程图

为了简化代码，服务器端采用 Map 集合保存正确的用户名与注册码，先来看服务器端代码：

```java
public class Chapter12_06_Server {
    public final static String STATE_OK = "1";
    public final static String STATE_USER_NOT_EXIST="2";
    public final static String STATE_CODE_WRONG="3";
    public static Map<String, String> users;
    static {
        users=new HashMap<String, String>();
        users.put("Tom", "400-0000");
        users.put("Jerry", "500-0000");
        users.put("张三", "600-0000");
```

```
        users.put("李四", "700-0000");
        users.put("王五", "800-0000");
    }
public static void main(String[] args){
    ServerSocket server;
    try {
        server=new ServerSocket(3333);
    } catch (IOException e) {System.out.println("端口监听错误! ");return;}
    while (true){
        try {
            System.out.println("等待客户端连接……");
            Socket client=server.accept();
            BufferedReader reader=new BufferedReader(
                new InputStreamReader(client.getInputStream()));
            BufferedWriter writer=new BufferedWriter(
                new OutputStreamWriter(client.getOutputStream()));
                        String username=reader.readLine();
            String registerCode=reader.readLine(); // 获取客户端输入的信息
            String code=users.get(username);        // 尝试获取用户的注册码
            if (code==null) {
                writer.write(STATE_USER_NOT_EXIST);
            } else if (!code.equals(registerCode)){
                writer.write(STATE_CODE_WRONG);
            } else {
                writer.write(STATE_OK);
            }
            writer.newLine();
            writer.flush();
            client.close();
            System.out.println("验证完成! ");
        } catch (IOException e) {
            System.out.println("通信发生错误! ");
        }
    }
}
}
```

下面是客户端代码：

```
public class Chapter12_06_Client{
    public final static String STATE_OK = "1";
    public final static String STATE_USER_NOT_EXIST = "2";
    public final static String STATE_CODE_WRONG = "3";
    public static Scanner scanner = new Scanner(System.in);
    public static void main(String[] args){
    String username, registerCode;
    System.out.println("请输入用户名: ");
    username=scanner.next();
    System.out.println("请输入注册码: ");
    registerCode=scanner.next();
```

```
try {
    Socket socket=new Socket("localhost", 3333);
    BufferedReader reader=new BufferedReader(new InputStreamReader
        (socket.getInputStream()));
    BufferedWriter writer = new BufferedWriter(new OutputStreamWriter
        (socket.getOutputStream()));
    writer.write(username);              // 发送注册信息
    writer.newLine();
    writer.write(registerCode);
    writer.newLine();
    writer.flush();
    String state=reader.readLine();     // 等待服务器回应
    if (STATE_OK.equals(state)){
        System.out.println("注册成功！");
     } else if (STATE_USER_NOT_EXIST.equals(state)){
        System.out.println("无此用户！");
    } else if (STATE_CODE_WRONG.equals(state)){
        System.out.println("注册码错误！");
    } else {
        System.out.println("未知的服务器反馈！");
    }
    socket.close();
} catch (UnknownHostException e) {
    System.out.println("无法连接到服务器！");
} catch (IOException e) {
    System.out.println("遇到错误");
    }
  }
}
```

12.3　基于 UDP 的 Socket 编程

UDP 协议是一种不可靠的网络协议，它在通信的两端各建立一个 Socket，但这两个 Socket 之间并没有连接，这两个 Socket 只是发送、接收数据。使用 UDP 协议编程时没有客户端和服务器端的概念，也不需要先进行连接再通信。Java 采用 DatagramSocket 类侦听端口并发送、接收数据，发送和接收的数据使用 DatagramPacket 类进行包装。下面通过例子演示 UDP 协议的特点，该例包括信息发送部分（占用 8888 端口）和信息接收部分（占用 7777 端口），先来看信息发送部分的代码：

```
public class Chapter12_07_Sender {
    public static void main(String[] args){
        try {
            DatagramSocket udp=new DatagramSocket(8888);                    //第 4 行
            String s="你好啊，朋友！";
            //构造方法中指定发送给对象的数据，对方的地址和端口号
            DatagramPacket data=new DatagramPacket(s.getBytes(),
            s.getBytes().length, InetAddress.getLocalHost(), 7777);        //第 8 行
            // 发送数据
            udp.send(data);
```

```
                udp.close();
            } catch (IOException e){
                e.printStackTrace();
            }
        }
    }
```

第 4 行实例化 DatagramSocket，占用 8888 端口。

第 7、8 行包装发送的数据，必须将发送的数据转换为 Byte 数组，作为第一个参数，第二个参数为发送长度，第三个参数为接收方地址，第四个参数为接收方端口号。

运行代码，会发现即使没有程序侦听 7777 端口，也不会报错，只是数据没有发出去。下面是接收端的代码：

```
public class Chapter12_07_Receiver{
    public static void main(String[] args){
      try {
            DatagramSocket udp=new DatagramSocket(7777);
            DatagramPacket data=new DatagramPacket(new byte[100], 100,
                InetAddress.getLocalHost(), 8888);                    //第 6 行
            udp.receive(data);
            String s=new String(data.getData(), 0, data.getLength());//第 8 行
            System.out.println("接收内容 : "+s);
            udp.close();

} catch (IOException e){
            e.printStackTrace();
        }
    }
}
```

第 5、6 行包装接收的数据，第一个参数为 byte 数组，第二个参数为接收长度，第三个参数为发送方地址，第四个参数为发送发端口号。

第 8 行将利用 String 的构造函数将 byte 数组转换为字符串。

先运行接收端，DatagramSocket 的 receive()方法会阻塞程序运行，一直等待发送端发送数据。接下来运行发送端，会看到接收端输出了发送的字符串。

12.4 URL 与 URI

URL（Uniform Resource Locator）对象表示统一资源定位器，这个对象指向互联网资源，这个资源可以是简单的文件或者目录或者是更为复杂的对象的引用，如数据库或者搜索引擎的查询。URL 由协议名、主机、端口和资源组成，格式为：

```
protocol://host:port/resourceName
```

例如：http://www.163.com/index.html，这个 URL 使用 http 协议，host 为 www.163.com 是一个域名，这个域名经过域名解析服务器解析后是一个 IP 地址。这个 URL 中没有指定端口号，因为 HTTP 协议默认使用的是 80 端口，所以如果没有指定端口号，则默认为 80，最后的/index.html 则为要访问的资源。

一旦创建了 URL 类的实例对象，就可以使用下面的方法来访问 URL 对应的资源：

（1）String getFile()：该方法返回 URL 的资源名。

（2）String getHost()：该方法获取 URL 对应的主机名。

（3）String getPath()：该方法获取 URL 的路径部分。

（4）int getPort()：该方法获取 URL 的端口号。

（5）String getProtocol()：该方法获取 URL 的协议名称。

URL 类还提供了一个方法用于返回 InputStream，通过这个 InputStream 可以获取对应资源的内容，这个方法是：

```
InputStream openStream()
```

一旦获取到与远程资源关联的 InputStream，就可以实现对这个资源的下载。现假设在主机 192.168.0.1 的 8080 端口上有一个 Web 应用程序，该应用程序下有一个名为 tomcat.gif 的图片，其地址为：http://192.168.0.79:8080/tomcat.gif ，则可以使用 URL 类对该资源进行下载：

```java
public class Chapter12_08 {
    public static void main(String[] args){
        try {
            URL url=new URL("http://192.168.0.1:8080/tomcat.gif");
            InputStream is=url.openStream();
            byte[] temp=new byte[1024];
            int len=-1;
            String file=url.getFile();              //返回  /tomcat.gif
            File saveFile=new File("c:"+file);      //保存到 c 盘根目录
            //输出流
            FileOutputStream fos=new FileOutputStream(saveFile);
            while((len=is.read(temp))!=-1){
                fos.write(temp,0,len);
            }
            fos.close();
            is.close();
            System.out.println("资源下载完毕!");
        } catch (MalformedURLException e) {
            System.out.println("资源地址不正确!");
            e.printStackTrace();
        } catch (IOException e) {
            e.printStackTrace();
        }
    }
}
```

JDK 中还提供了一个 URI（Uniform Resource Identifiers）类，这个类的实例代表一个统一资源定位符，Java 的 URI 不能用于定位任何资源，它的唯一作用就是解析。而 URL 则包含一个可以打开到达资源的输入流，这里可以将 URL 理解成 URI 的一个特例。URL 提供了 URI toURI() 方法用于返回与此 URL 等效的 URI。

第 **13** 章

Java 中的线程

前面 Java 程序的运行流程都是这样的：程序从 main()方法开始运行，依次向下运行每行代码，如果程序运行某行代码遇到了阻塞，则程序会停滞在该处。这种程序在同一时间只能运行一项任务，如果程序运行中遇到了耗时的任务，程序必须等待该任务完成后才能运行后续的代码。这种结构的程序称为单线程。单线程结构不能充分利用计算机的硬件资源，代码运行效率不高。而使用多线程结构，可以并行地处理多项任务，避免了不相关任务之间的等待，充分利用硬件资源（现在很多 CPU 均为多核设计）提高程序的效率，本章学习多线程结构的程序编写。单线程好比火车站只有一个售票窗口，同一时间只能为一个客户服务，而多线程好比有多个窗口，同一时间可以为多个客户提供服务，显然多线程的效率要比单线程的效率高。

13.1 线 程 概 述

13.1.1 基本概念

学习多线程编程需要理解以下几个基本概念：程序、进程、线程。

1. 程序

程序（Program）就是使用计算机语言编写的指令序列的集合。这些指令序列告诉计算机如何完成一个具体的任务。

2. 进程

计算机上的操作系统负责管理硬件资源和软件资源，也就是说程序是被操作系统管理的，程序运行的时候用到的硬件资源如何时占用 CPU、需要多大内存等也是由操作系统来分配的。可以简单地认为操作系统中一个运行中的程序就是一个进程（Process），进程是操作系统分配 CPU 资源与内存资源的最小单位。过去的操作系统是单进程的（如 DOS 操作系统），同一时刻只能有一个进程运行；现代的操作系统均是多进程的，允许多个进程同时运行（同时运行 QQ 和 IE 浏览器），操作系统采用时间片轮转法或其他算法为进程分配 CPU 资源，图 13-1 所示为 Windows 操作系统中某一时刻的进程列表。

对于 Java SE 程序，将运行中的 Java 程序称为进程则不准确。因为 Java 程序并非由操作系统运行分配 CPU 资源并运行，而是通过 Java 虚拟机运行。对操作系统而言，Java 虚拟机才是进程

（在进程列表中会看到 java.exe 或 javaw.exe），而 Java 程序并不算作进程。

图 13-1　Windows 任务管理器中的进程列表

进程是资源申请、调度和独立运行的单位，因此，它使用系统中的运行资源；而程序不能申请系统资源，不能被系统调度，也不能作为独立运行的单位，因此，它不占用系统的运行资源。

3. 线程

进程内部可以拥有 1 至多个线程（Thread），操作系统将资源分配给进程后，进程再将资源分配给线程，由线程完成具体的工作。可以认为进程是线程的容器。Java SE 程序的运行入口是 main()函数，main()函数运行时所属的线程一般称为主线程。除了主线程，Java 虚拟机还会启动垃圾回收线程等其他线程。

线程和进程一样拥有独立的运行控制，由操作系统负责调度，区别在于线程没有独立的存储空间，而是和所属进程中的其他线程共享一个存储空间，这使得线程间的通信比进程简单。

13.1.2　线程状态

多个线程之间可以并行运行，也可以根据需要让一个线程等待另一个线程，或暂停一个线程。当线程被创建并启动以后，它既不是一启动就进入了运行状态，也不是一直处于运行状态，在它的生命周期中，它要经过新建(New)、就绪(Runnable)、运行(Running) 、阻塞(Blocked)和死亡(Dead)5 种状态。当线程启动以后，它不能一直占用 CPU 独立运行，所以 CPU 需要在多态线程之间切换，于是线程状态也会多次在运行、阻塞之间切换。

13.1.3　守护线程

一般来说，进程要等到所有线程都终止运行后才结束。但对于 Java 中的垃圾回收等线程，是在程序运行过程中一直运行的，不会主动终止，为了保证进程能正常结束，可以将这一类线程标注为守护线程，在 Java SE 中，Java 虚拟机会在所有非守护线程终止后结束进程（还有一种情况：调用 System.exit()方法也会导致进程结束）。

13.2　线　程　实　现

Java 使用 Thread 类代表线程，所有的线程对象都必须是 Thread 类或其子类的实例。在 Java 程序从 main()方法启动并开始运行时，一个线程立刻运行，该线程通常称为程序的主线程。Thread 类提供了一个静态的 sleep()方法，这个方法令当前线程休眠指定的时间（以毫秒为单位），如果线程在休眠过程中被打断，会抛出 InterruptedException 异常。线程休眠时不占用 CPU 资源。

【例 1】编写程序，每隔一秒在控制台输出一个 "*" 字符，一共输出 10 个。

分析：本例最大的难点在于控制程序暂停一秒后继续运行，传统的做法是让计算机运行一段空循环或无意义的计算，这种做法既浪费 CPU 资源又不准确，这里使用让主线程休眠的方法实现精确的程序暂停。

```java
public class Chapter13_01{
    public static void main(String[] args){
        for (int i=0; i<10; i++){
            System.out.print("*");
            try {
                Thread.sleep(1000);
            } catch (InterruptedException e){
                System.out.println("休眠被打断!");
            }
        }
    }
}
```

本例是单线程程序，这个线程是主线程，在 mian()方法运行时就运行了。这里只是利用了 Thread 类的 sleep()静态方法让当前正在运行的线程休眠。那么如何实现多线程程序呢？每条线程的作用是完成一定的任务，实际上就是运行一段代码。这段代码需要放到 Thread 类或者其子类的 run()方法中。Java 中将线程封装成了对象，这个对象就是 Thread 类或者它的子类的实例。所以，可以创建一个类，继承 Thread 类，然后重写它的 run()方法。

13.2.1　通过继承 Thread 类创建线程类

通过继承 Thread 类来创建并启动多线程的步骤如下：

（1）定义 Thread 类的子类，并称为该类的 run()方法，该 run 方法的方法体就代表了线程需要完成的任务。因此，经常把 run()方法称为线程运行体。

（2）创建 Thread 子类的实例，即创建了线程对象。

（3）使用线程对象的 start()方法来启动该线程。

创建线程类，重写 run()方法：

```java
public class MyThread extends Thread {
    public void run(){
        while(true){
            System.out.println("线程运行!");
        }
    }
}
```

在主线程中创建线程，然后启动线程：

```
public class Chapter13_02 {
    public static void main(String[] args){
        System.out.println("main 方法运行!");
        //创建线程
        MyThread myThread=new MyThread();
        //启动线程
        myThread.start();
        //进入死循环
        while(true){
            System.out.println("主线程!");
        }
    }
}
```

在 MyThread 类中的 run()方法中，编写了一个死循环，在 main()方法中创建线程并启动线程之后，又编写了一个死循环，程序运行之后在控制台上看到主线程和 MyThread 线程交替占用 CPU 运行。注意，将线程要运行的代码放到了 run()方法中，但是在代码中没有调用它，而是调用 Thread 类中的 start()方法来启动线程的。所以需要注意使用线程时，要想让计算机运行 run()方法中的代码，不是直接调用 run()方法，而是调用 start()方法来启动线程。

当程序使用 new 关键字创建了一个线程之后，该线程就处于新建状态，此时它与其他 Java 对象一样，仅仅由 Java 虚拟机分配了内存，并初始化了其成员变量。此时的线程对象没有表现出任何线程的特征，也不会运行线程对象 run()方法中的代码。当调用了线程对象的 start()方法之后，该线程处于就绪状态，这个状态线程依然没有开始运行，它只是表示该线程可以运行，至于何时开始运行，取决于 JVM 中的线程调度器的调度，一旦线程获取 CPU，那么 run()方法中的代码就开始运行，此时的状态就是运行状态。

Thread 类中提供了 currentThread 静态方法来获取当前正在运行的线程对象，修改 MyThread 类：

```
public class MyThread extends Thread{
    public void run(){
        while(true){
            System.out.println("线程"+Thread.currentThread().getName()+"运
                行!");
        }
    }
}
```

在主线程中创建两个 MyThread 线程对象，设置 name 后，启动线程：

```
public class Chapter13_03 {
    public static void main(String[] args){
        MyThread myThread1=new MyThread();
        myThread1.setName("thread-1");
        MyThread myThread2=new MyThread();
        myThread2.setName("thread-2");
        //启动线程
        myThread1.start();
        myThread2.start();
    }
}
```

【例 2】使用多线程进行多文件并行复制。

在磁盘上创建 5 个大文件，命名为 1.rar～5.rar，同时复制这 5 个文件。（这里以在 Windows 系统的 D 盘上为例进行介绍）

```java
public class FileCopyThreadUtil extends Thread {
    private String source;        //保存要复制的源文件名
    private String target;        //保存要复制的目标文件名
    public FileCopyThreadUtil(String source, String target){
        this.source=source;
        this.target=target;
    }
    public void run(){
        try {
            System.out.println("复制文件"+source+"开始! ");
            BufferedInputStream bis=
                new BufferedInputStream(new FileInputStream(source));
            BufferedOutputStream bos=
                new BufferedOutputStream(new FileOutputStream(target));
            int i;
            while ((i=bis.read())!=-1){
                bos.write(i);
            }
            bis.close();
            bos.close();
            System.out.println("复制文件"+source+"完成! ");
        } catch (Exception e){
            e.printStackTrace();
        }
    }
}
```

在主线程中启动 5 个拷贝文件的线程:

```java
public class Chapter13_04{
    public static void main(String[] args){
        for (int i=1; i<=5; i++){
            String source="D:/"+i+".rar";
            String target="D:/"+i+".rar";
            FileCopyThreadUtil thread = new FileCopyThreadUtil(source,target);
            //启动线程，进行复制
            thread.start();
        }
    }
}
```

13.2.2　实现 Runnable 接口

线程要运行的代码（线程体）需要放到 run()方法中，前面一种方式是编写 Thread 类的子类，然后重写 run()方法，将线程体放到 run()方法中。在 java.lang 包中有一个 Runnable 接口，这个接口中定义了一个 run()方法，可以自己编写一个类实现 Runnable 接口，并实现该接口中的 run()方法。然后创建 Runnable 实现类的实例，并以此实例作为 Thread 的 target 来创建 Thread 对象，该 Thread 对象才是真正的线程对象。

```
public class MyThread implements Runnable{
    public void run(){
        while(true){
            System.out.println("线程:"
            +Thread.currentThread().getName()+"运行!");
        }
    }
}
```

在主线程中创建并启动线程:

```
public class Chapter13_05{
    public static void main(String[] args){
        MyThread target=new MyThread();
        Thread th1=new Thread(target);
        th1.setName("线程1");
        Thread th2=new Thread(target);
        th1.setName("线程2");
        //启动线程
        th1.start();
        th2.start();
    }
}
```

【例3】使用多线程模拟一个铁路售票系统,实现通过 3 个售票窗口销售某日某次列车的 100 张车票。

首先我们试着使用继承 Thread 类的方式来创建线程类解决上面的问题,代码如下:

```
public class TicketWindow extends Thread{
    private int tickets=100;//保存100张票
    public void run(){
        while(true){
            if(tickets>0){
                System.out.println (Thread.currentThread().getName()+" 窗口卖出
                    了第"+tickets--+"张票");
            }
            else{
                System.out.println ("票已经售完了! ");
                break;
            }
        }
    }
}
```

在主线程中创建 3 个线程模拟 3 个窗口:

```
public class Chapter13_06 {
    public static void main(String[] args){
        new TicketWindow().start();
        new TicketWindow().start();
        new TicketWindow().start();
    }
}
```

程序运行后,发现每个窗口都卖出了 100 张票,而不是 3 个窗口共同卖这 100 张票。因为代码 new TicketWindow() 每次实例化时,TickWindow 类中的 tickets 都被赋值为 100,所以就成了每个窗口都卖出 100 张票，而不是所有窗口共同卖 100 张票。

使用实现 Runnable 接口的方式创建线程代码如下：

```java
public class TicketWindow implements Runnable{
    private int tickets=100;//保存 100 张票
    public void run(){
        while(true){
            if(tickets>0){
                System.out.println (Thread.currentThread().getName()+" 窗口卖出
                    了第"+tickets--+"张票");
            }
            else{
                System.out.println ("票已经售完了! ");
                break;
            }
        }
    }
}
```

在主线程中启动 3 个线程，这 3 个线程共享一个 TicketWindow 实例对象：

```java
public class Chapter13_07 {
    public static void main(String[] args){
        TicketWindow tw=new TicketWindow();
        new Thread(tw,"1号").start();
        new Thread(tw,"2号").start();
        new Thread(tw,"3号").start();
    }
}
```

13.2.3　两种方式的比较

实现 Runable 接口相对于继承 Thread 类来说有如下好处：

（1）适合多个相同程序代码的线程去处理同一资源的情况，把线程同程序的代码、数据分离较好地体现了面向对象的设计思想。

（2）可以避免由于 Java 的单继承特性带来的局限。我们经常碰到这样一种情况，即要将已经继承了某一个类的子类放入多线程中时，由于一个类不能同时有两个父类，所以不能用继承 Thread 类的方式，只能用实现 Runnable 接口的方式。

（3）有利于程序的健壮性，代码能够被多个线程共享。代码与数据是独立的，当多个线程的运行代码来自同一个类的实例时，即称它们共享相同的代码。多个线程可以操作相同的数据，与它们的代码无关。当共享访问相同的对象时，即它们共享相同的数据。当线程被构造时需要的代码和数据通过一个对象作为构造函数实参传递进去，这个对象就是一个实现了 Runnable 接口的类的实例。

13.3　守护线程实现

除了希望并行运行代码时会使用线程，一些不间断的监视工作也会用到线程，比如程序在运行时希望一直监视 C 盘的剩余空间，一旦空间不足 1GB 就发出警报，代码如下：

```java
public class WatchingThread extends Thread {
    private File file=new File("C:");
```

```
public void run(){
    while (true){
        long free=file.getFreeSpace();
        System.out.println("C 盘剩余空间= "+free/1024/1024/1024+"GB");
        if (free<1024*1024*1024) System.err.println("C 盘剩余空间不足 1GB");
        try {
            sleep(5000);//暂停 5s 后继续监视
        } catch (InterruptedException e){
            e.printStackTrace();
        }
    }
}
```

在主线程中启动线程:

```
public class Chapter13_08{
    public static void main(String[] args){
        new WatchingThread().start();
    }
}
```

上面的代码能够实现监视 C 盘的功能, 但因为子线程在不断进行监视, 导致程序无法终止, 这时需要将线程标记为守护线程。在 thread.start()方法之前, 运行 thread.setDaemon(true)可以将线程标记为守护线程, 在所有非守护线程结束后, 程序就会终止运行。

> **注意:** 一旦线程已经启动(调用了 start())方法, 就不能再调用 setDaemon()方法, 只能通过 isDaemon()方法获取线程是否为守护线程。

所以主线程中启动线程的代码更改如下:

```
public class Chapter13_08{
    public static void main(String[] args){
        Thread th=new WatchingThread();
        th.setDaemon(true);
        th.start();
    }
}
```

13.4 线 程 安 全

例 3 模拟了 3 个窗口销售 100 张火车票, 程序逻辑上确实没有任何问题, 但是对于多线程编程中存在线程调度的不确定性, 有可能在程序运行的过程中产生错误。如果在多线程环境下, 程序运行出现因为线程调度而引发的错误, 称为线程非安全, 反之称为线程安全。

为了让这种错误在例 3 的程序中显示出来, 将代码做如下修改:

```
public class TicketWindow implements Runnable{
    private int tickets=100;                //保存 100 张票
    public void run(){
        while(true){
            if(tickets>0){
                try {
                    Thread.sleep(1000);        //当前线程睡眠 1s
```

```
        } catch (InterruptedException e) {
            e.printStackTrace();
        }
        System.out.println (Thread.currentThread().getName()+" 窗口卖出
            了第"+tickets--+"张票");
    }
    else{
        System.out.println ("票已经售完了! ");
        break;
    }
    }
    }
}
```

与原来代码的区别仅仅是在 if 判断中加入了让当前线程睡眠 1s 的代码,加入这个代码的作用是为了人为造成线程间的切换,运行后,控制台上可能出现某个窗口卖出第 0 张票或者卖出第–1 张票的情况。原因分析如下:

假设 tickets 的值为 1 的时候,线程 1 刚刚运行完 if（tickets>0）这行代码,正在准备运行后面的代码,就在这时,操作系统将 CPU 切换到了线程 2 上运行,此时 tickets 的值仍然为 1,线程 2 运行完上面两行代码,tickets 的值变成 0 后,CPU 又切回到了线程 1 上运行,线程 1 不会再运行 if（tickets>0）这行代码,因为先前已经比较过了,并且比较的结果为真,线程 1 将继续往下运行,但此刻 tickets 的值已经变成 0 了,屏幕输出的将是 0。

为了解决这种线程安全性问题,Java 提供了两种同步的方式:同步代码块(synchronized block)和同步方法(synchronized method)。

13.4.1　同步代码块

Java 中实现了基于监视器(Monitor)机制的线程同步,如图 13-1 所示。

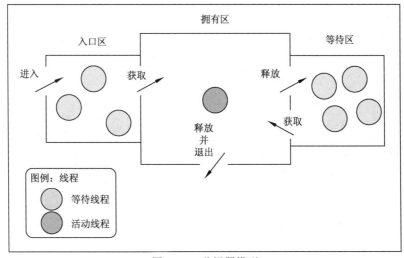

图 13-1　监视器模型

监视器包括了三部分:入口区、拥有区和等待区,入口区和等待区内可能有多个线程,但是任何时刻最多只有一个线程拥有该监视器。线程对监视器有如下操作:

（1）"进入"监视器：指线程进入入口区，准备获取监视器，此时如果没有别的线程拥有该监视器，则这个线程拥有此监视器，否则它要在入口区等待。

（2）"获取"监视器：指在入口区和等待区的线程按照某种策略机制被选择可拥有该监视器时的操作。

（3）"拥有"监视器：拥有监视器的线程在它拥有该监视器时排他地占有它，从而阻止其他线程的进入。

（4）"释放"监视器：拥有监视器的线程运行完监视器范围内的代码或异常退出之后，要释放掉它所拥有的此监视器。

将需要具有原子性的代码放入 synchronized 语句内，形成同步代码块。在同一个时刻只能有一个线程可以进入同步代码块内运行，只有当该线程离开同步代码块后，其他线程才能进入同步代码块内运行。

synchronized 块格式：

```
synchronized(object){
    代码块
}
```

其中，object 可以是任意对象，即任何一个对象都可以充当监视器。

Java 线程在进入同步语句块的时候需要持有 object 的对象锁（Java 中每一个对象关联一个对象锁），好比要进入房间就必须有这个房间的钥匙一样，代码块中的代码运行完毕之后（包括出现异常而离开的时候）释放掉该 object 的锁；如果该对象锁已经被别的线程持有，则当前进入的线程被挂起等待。

下面使用同步代码块来解决上面的问题：

```java
public class TicketWindow implements Runnable{
    private int tickets=100;//保存100张票
    public void run(){
        while(true){
            synchronized (this){
                if(tickets>0){
                    try {
                        Thread.sleep(1000);
                    } catch (InterruptedException e){
                        e.printStackTrace();
                    }
                    System.out.println (Thread.currentThread().getName()+" 窗口
                        卖出了第"+tickets--+"张票");
                }
                else{
                    System.out.println ("票已经售完了! ");
                    break;
                }
            }
        }
    }
}
```

代码 synchronized (this) 中的 this 表示当前对象，使用它来充当监视器（实际上这里只要是一个对象即可，不一定非要是 this）。当线程 A 获取到 CPU 资源进入同步块的时候，发现监视器对象锁并没有被其他线程占用，于是线程 A 获取对象锁将其锁定，进入代码块运行其中的代码。当运行到 Thread.sleep(1000)时，因为调用了 sleep()方法，所以线程 A 会立即释放 CPU，让给其他线程，1000 的意思是在 1000 ms 之内线程调度，是不会将 CPU 资源分配给线程 A 的。线程 A 释放让出 CPU，但是它并没有将对象锁归还，继续持有，这样即使线程 B 获取到 CPU 资源，进入同步块的时候，发现监视器对象锁被其他线程持有，这样它什么事情也做不了，其他线程也同样如此。等 1000 ms 过去之后，线程调度将 CPU 资源分配给线程 A，线程 A 继续运行后续代码，退出代码块时，归还对象锁，这样其他线程就可以运行同步块中的代码。利用同步块保证了同步代码的安全性。

13.4.2　同步方法

同步方法是在一个类的方法的前面用 synchronized 关键字声明。在线程访问这个类的对象的该方法的时候，就遵从锁对象的管理机制。

下面使用同步方法来解决上面的问题：

```java
public class TicketWindow implements Runnable{
    private int tickets=100;                      // 保存100张票
    public synchronized void run(){
        while (true){
            if (tickets>0) {
                try {
                    Thread.sleep(10);
                } catch (InterruptedException e){
                    e.printStackTrace();
                }
                System.out.println(Thread.currentThread().getName()
                + " 窗口卖出了第"+ tickets-- + "张票");
            } else {
                System.out.println("票已经售完了！");
                break;
            }
        }
    }
}
```

同步方法和同步语句实现的机理是一样的，所不同的只是它们所标识区域的粒度不同，同步方法标识的锁的粒度大于同步语句，使用当前对象充当监视器，线程等待该锁的时间也就比较久，但是实现会比较容易；同步方法可以指定监视器对象，比较灵活。所以，对于同步方法或者同步语句的选择，一般原则是对性能要求不是很高的应用层程序采用同步方法，而调度性能要求较高的底层应用，宜采用同步语句，并尽量减小其所保护的范围，当然这在提高性能的同时增加了设计的复杂度。所以，这要根据所具体应用场景的各项因素来平衡选择。

13.4.3　线程间通信

当线程在系统内运行时，线程的调度具有一定的透明性，程序通常无法准确地控制线程的轮换运行，生产者/消费者模式就是一个很经典的线程同步模型。很多时候在多线程的应用中不只是保证对某个共享资源操作的互斥就够了，往往多个线程之间都是有协作的。

生产者/消费者模式是这样的：系统中有个区域，生产者和消费者都访问这个区域。生产者负责往这个区域中存放数据，而消费者负责取出区域中的数据进行使用。这里需要考虑两种意外的情况：

（1）生产者生产了一部分数据后，CPU 就切换到了消费者，由于此时区域中的数据还不完整，所以消费者就有可能取出不准确的数据。

（2）生产者生产了一批数据以后，CPU 没有切换到消费者，生产者继续生产数据，这样生产者前一次生产的数据就会被覆盖掉而造成数据的丢失。

理想的情况是：生产者生产数据时，发现区域中的数据没有取走，就等待消费者取走数据，如果取走就生产数据放入区域，并通知消费者来取走数据。消费者取数据时发现数据没有数据或者数据没有生产完整，就等待生产者生产数据。如果数据存在而且完整就取走数据，并通知生产者进行生产。

Java 中使用了 wait-notify 机制来解决这种线程间的协作。下面通过案例来说明这种机制。

【例4】模拟银行营业大厅抽号排队等待工作人员叫号的业务。

分析业务的流程：进入银行办理业务，通常在大厅里有一个可以抽取号码的机器，抽取的小纸条上写着第几号客户，前面有多少人正在等待。银行开辟若干个业务窗口办理业务，工作人员通过叫号让某个客户到窗口前办理业务。

这是很典型的生产者/消费者模型，抽取号码的机器就是生产者，办理业务的窗口就是消费者，生产者消费者共同访问的区域就是等待办理业务的队列。为了说明问题，这里假设排队的队列的长度是 5，也就是说队列中排队的人数不能超过 5 人，超过 5 人抽号机器拒绝抽号，少于 5 人才可以抽号。抽号的机器有两台，业务办理窗口有 3 个。

现在问题就转换为 2 个生产者线程和 3 个消费者线程共同协作访问一个队列的问题。

先定义一个用户类，封装一个编号来表示用户抽取到的编号：

```java
public class User {
    private int userID;                    //用户抽取到的号码
    public int getUserID(){
        return userID;
    }
    public void setUserID(int userID){
        this.userID=userID;
    }
    public User(int userID){
        this.userID=userID;
    }
}
```

定义一个队列类，该队列用于存放抽号后的用户，它提供了进队、出队和查看队列长度的方法：

```java
public class SynchronizedQueue {
    private LinkedList<User> data=new LinkedList<User>();
    private final int SIZE=5;              //队列最大数值
    private int userNumber=0;              //用户编号
    //入队返回入队的用户对象
    public synchronized User offer(){...}
    //出队返回出队的用户对象
```

```
public synchronized User poll(){...}
//查看队列长度
public int size(){
    return data.size();
}
}
```

　　这里入队和出队的方法前面都加上了 synchronized 关键字。入队的方法是由生产者线程调用的，而出队的方法是由消费者线程调用的，为了保证生产者线程之间互斥访问队列资源和消费者线程之间互斥访问队列资源，在方法前面加上了 synchronized 关键字。至于生产者和消费者线程之间的协调，就要用到 wait-notify 机制。先看 offer 方法和 poll 方法的具体实现：

　　offer()方法表示入队，返回入队的用户对象：

```
public synchronized User offer(){
    //如果队列已经满了，让生产者线程等待
    if(data.size()>=SIZE){
        try {
            System.out.println("队列满, "+Thread.currentThread().getName()+
                "等待!");
            wait();
        } catch (InterruptedException e) {e.printStackTrace();}
    }
    userNumber++;
    User user=new User(userNumber);        //产生用户
    data.offer(user);                      //加入集合尾部
    System.out.println(Thread.currentThread().getName()+"产生数据!");
    if(data.size()>=SIZE){
        notify();
    }
    return user;
}
```

poll()方法表示出队，返回出队的用户对象：

```
public synchronized User poll(){
    //如果队列为空，则让消费者线程等待
    if(data.isEmpty()){
        try {
            System.out.println("队列空, "+Thread.currentThread().getName()+
                "等待!");
            wait();
        } catch (InterruptedException e) {e.printStackTrace();}
    }
    User user=data.poll();
    System.out.println(Thread.currentThread().getName()+"取出数据!");
    if(data.isEmpty()){
        notify();
    }
    return user;
}
```

　　在 offer()方法和 poll()方法中用到了 wait()方法和 notify()方法，这个方法是在 Object 类中定义的，Object 类中还定义了 notifyAll()方法，这样 Java 中所有的对象中都会有这 3 个方法。这 3 个方法使用时，必须由同步监视器对象来调用，分为两种情况：

（1）对于使用 synchronized 修饰的同步方法，因为该类的实例（this）就是同步监视器，所以可以在同步方法中直接调用。

（2）对于使用 synchronized 修饰的同步代码块，同步监视器是 synchronized 后括号里的对象，所以必须使用该对象调用这 3 个方法。

这 3 个方法有什么作用？为什么会有上面的规定？可回头仔细观察一下监视器模型图（见图 13-1）。

当生产者线程调用 offer() 方法往队列中添加一个用户的时候，offer() 方法有 synchronized 关键字修饰，是一个同步方法，同步方法使用 this 对象作为监视器，所以 SynchronizedQueue 类的对象就是监视器，它关联一个锁对象，为了好理解可以认为这个锁对象就是一个标志位，1 表示已锁，0 表示没有锁定。监视器中除了有锁对象以外，还有两个区域：一个是入口区域，一个等待区域。假设此时生产者线程 A 来调用 offer() 方法，生产者线程 A 发现监视器(this)中的标志位为 0，即并没有锁定，那么生产者线程 A 就得到锁，将标志位设置为 1，开始运行 offer() 方法中的代码，假设此时消费者线程 A 使用 CPU 到期，需要释放 CPU，一个消费者线程 B 获取 CPU，进入监视器入口区，它发现标志位设置为 1，那么它只能在入口区而无法运行 offer() 中的代码，这种情况直到消费者线程 A 再次获取 CPU 运行方法完毕而将标志位设置为 0 以后，消费者线程 B 才有机会进入方法体运行，所以使用同步方法保证了多个消费者线程之间的互斥。

消费者线程 A 获取监视器成为监视器的拥有者以后，开始运行 offer() 中的代码，代码中首先判断了集合中 User 对象的个数，如果已经超过了 5 个，也就是队列已满，就调用了监视器对象的 wait() 方法，这个方法将导致当前线程也就是消费者线程 A 进入等待区域中进行排队等待，并将释放锁，将标志位修改为 0。这就好比到商店买东西，付款后商家要找零钱，但是此时商家手里并没有零钱，那么它只好说让客户暂时等一会，商家接着卖给后面的客户东西，等他将零钱攒够了，就会通知客户来拿钱。而 wait() 方法就是让当前线程 A 到旁边的等待区域排队等待，消费者线程将队列中的 User 对象取走，队列有空余位置时并调用监视器对象的 notify() 方法后，正在等待区域中等待的第一个线程，也就是线程 A 才会被唤醒，唤醒后的线程 A 再次获取监视器对象接着运行。

如果队列没有满，则将号码加 1，然后创建一个 User 对象，将号码交给 User 对象，然后将 User 对象加入到队列中（data.offer(user)），加入队列之后，再判断队列是否满了，如果满了就调用监视器的 notify() 方法，这个方法的作用是唤醒等待区域中等待的一个线程（notifyAll() 方法是唤醒等待区域中所有的线程），这些线程都是因为监视器调用了 wait() 方法后被放入等待区的。那么等待区域中都有哪些线程呢？可以看到后面的消费者线程调用的 poll() 方法中也调用的 wait() 方法，所以等待区域中既可能有消费者线程，也可能有生产者线程，那么在 offer() 方法中调用 notify() 后是唤醒消费者线程呢还是唤醒生产者线程？两者都有可能，而如果唤醒的是生产者线程，显然这个被唤醒的生产者线程会因为队列已满而再次进入等待区域进行等待，所以此时所有的消费者线程只要运行 offer() 方法都会进入等待区域，直到消费者线程将调用 poll() 方法使一个 User 对象出队后，队列不再满，生产者才得以继续生产。

poll() 方法中的情况与 offer() 中的情况一样。

生产者类：

```java
public class Producer implements Runnable {
    private SynchronizedQueue queue;        //队列
```

```
    public Producer(SynchronizedQueue queue) {
        this.queue=queue;
    }
    public void run(){
        while (true){
            int size=queue.size();           // 队列中的人数
            User user=queue.offer();          // 入队
            System.out.println("您前面有" + size + "人正在等待,您的编号为:"
                    + user.getUserID());
            try {
                Thread.sleep(1000);
            } catch (InterruptedException e) {e.printStackTrace();}
        }
    }
}
```

消费者类:

```
public class Consumer implements Runnable {
    private SynchronizedQueue queue;         //队列
    public Consumer(SynchronizedQueue queue){
        this.queue=queue;
    }
    public void run(){
        while (true){
            Thread curThread=Thread.currentThread();          // 获取当前运行线程
            User user=queue.poll();                            // 取出队列中的用户
            if(user!=null){
                ystem.out.println("请" + user.getUserID()+"号客户到"
                    + curThread.getName()+"办理业务!");
                System.out.println(curThread.getName() + "正在办理"+user.getUserID()
                +"号客户业务.....");
            }
            try {
                Thread.sleep(2000);
            } catch (InterruptedException e) {e.printStackTrace();}

        }
    }
}
```

在主线程中启动 2 个生产者线程和 3 个消费者线程:

```
public class Chapter13_12 {
    public static void main(String[] args){
        SynchronizedQueue queue=new SynchronizedQueue();
        new Thread(new Producer(queue),"生产者1").start();
        new Thread(new Producer(queue),"生产者2").start();

        Consumer tw=new Consumer(queue);
        new Thread(tw,"一号窗口").start();
        new Thread(tw,"二号窗口").start();
        new Thread(tw,"三号窗口").start();
    }
}
```

以上通过了 wait−notify(notifyAll)机制完成了线程之间的协作。

13.5　定　时　器

有时需要线程在指定的时间运行，比如每个月 1 号计算工资，每天的 18 点备份数据库等，这时可以使用 java.util 包提供的定时器类（Timer）。定时器实际上对线程进行了封装，使用起来比较方便。例如：

```java
public class MyTask1 extends TimerTask{
    public void run(){
        System.out.println("5 秒之后运行的定时器");
    }
}
public class MyTask2 extends TimerTask{
    public void run(){
        System.out.println("每秒运行的定时器");
    }
}
public class MyTask3 extends TimerTask{
    public void run(){
        System.out.println("从某日起每分钟运行的定时器！");
    }
}

public class Chapter13_13{
    public static void main(String[] args){
        Timer timer=new Timer();                              //第 18 行
        timer.schedule(new MyTask1(), 5000);                  //第 19 行
        timer.schedule(new MyTask2(), 1000, 1000);            //第 20 行
        timer.schedule(new MyTask3(), new Date(), 1000 * 60); //第 21 行
    }
}
```

第 1 行通过继承 TimerTask 类定义定时任务。

第 18 行实例化定时器，如果在 Timer 的构造函数中输入 true，则指定定时器采用守护线程的方式运行。

第 19 行设置 5 s 后运行定时任务。

第 20 行设置 1 s 后运行定时任务，之后每隔 1 s 都再运行一次。

第 21 行运行定时任务，之后每隔 1 min 都再运行一次。

第 14 章

AWT 与 Swing

图形用户界面（Graphics User Interface，GUI）是用图形的方式，借助菜单、按钮等标准界面元素和鼠标操作，帮助用户方便地向计算机系统发出指令，并将系统运行的结果同样以图形方式显示给用户的技术。Java 中有两个包 AWT 和 Swing，为 GUI 设计提供丰富的功能。AWT 是 Java 的早期版本，其中的 AWT 组件种类有限，可以提供基本的 GUI 设计工具，却无法完全实现目前 GUI 设计所需的所有功能。Swing 是 SUN 对早期版本的改进，它不仅包括 AWT 中具有的所有部件，并且提供了更加丰富的部件和功能，它足以完全实现 GUI 设计所需的一切功能。Swing 中用到了很多 AWT 的知识，掌握 AWT 也就基本掌握了 Swing。

14.1　AWT 概述

AWT（Abstract Window Toolkit，抽象窗口工具包）是 SUN 公司提供的用于图形界面编程(GUI)的类库。基本的 AWT 库处理用户界面元素的方法是把这些元素的创建和行为委托给每个目标平台上（Windows、UNIX、Macintosh 等）的本地 GUI 工具进行处理。如果使用 AWT 在一个 Java 窗口中放置一个按钮，那么实际上使用的是一个具有本地外观和感觉的按钮。这样，从理论上来说，所编写的图形界面程序能运行在任何平台上，做到了图形界面程序的跨平台运行。

AWT 以面向对象的方法实现了一个跨平台的 GUI 类库，这些类放在 java.awt 包中。通过下面的代码可以创建一个窗口：

```
import java.awt.Frame;
public class Test{
    public static void main(String[] args){
        Frame frame=new Frame();
        //设置窗口的标题
        frame.setTitle("第一个窗口程序");
        //窗口起始位置 x=150 y=150,宽 400 告 300
        frame.setBounds(150,150,400,300);
        //窗口可见
        frame.setVisible(true);
    }
}
```

Frame 类用于产生一个具有标题栏的框架窗口。setSize()方法设置窗口大小，setVisible()方法显示或者隐藏窗口。上面程序运行将会显示一个图形窗口，如图 14-1 所示。

图 14-1　第一个窗口

　　图形界面中可以使用各种各样的图形界面元素，如文本框、按钮、列表框、对话框、文字标签、菜单、选项卡等，这些图形界面元素称为 GUI 组件。AWT 为各种 GUI 组件提供了对应的 Java 类，这些类都是 java.awt.Component 的直接或者间接子类。其中，Frame 类能够产生一个具有标题栏的框架窗口。众多的 GUI 又可以分为基本组件和容器(Containers)。容器可以容纳其他的基本组件，所有的容器类都是 java.awt.Container 类的直接或者间接子类，而 java.awt.Container 又是 java.awt.Component 类的一个子类，AWT 组件的层次关系如图 14-2 所示。

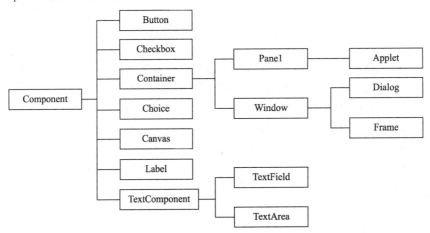

图 14-2　AWT 组件的类层次结构

14.1.1　容器

　　容器类 Container 是 Component 类的子类，容器组件是一种特殊的组件，它的功能是包含其他基本 GUI 组件。容器具备以下特点：

　　（1）容器有一定的范围。一般容器都是矩形的，有些容器范围可以使用边框框出来，有些则没有。

　　（2）容器有一定的位置。这个位置可以是屏幕四角的绝对位置，可以是相对于其他容器边框的相对位置。

（3）容器通常会有一个背景，这个背景填充整个容器。

（4）容器中可以包含其他的基本组件，如文本框、按钮等。当容器显示出来的时候，它所包含的基本组件将全部显示出来，隐藏的时候它所包含的基本元素全部隐藏。

（5）容器可以按照一定的规则来排列它所包含的基本组件。

（6）容器也可以被包含到其他容器中，就像一个盒子放到一个更大的盒子一样。

AWT 中提供的容器有 Panel（面板）、Window（窗口）、Frame（框架）、Dialog（对话框）、其中 Panel 没有具体的图形表示，Frame 则定义了一个包含标题栏、系统菜单、最大化、最小化按钮的完整窗口，而 Dialog 主要用于应用程序与用户的人机交互对话框。

上面例子程序中就是用了 Frame 来创建了一个窗口，如果单击右上角的"X"按钮，窗口不会关闭，因为还没有为窗口添加任何事件处理代码，关于如何添加事件处理，将会在 14.1.4 节中讲解。

容器类 Container 中定义了所有容器中都有的方法，常用的方法如表 14-1 所示。

表 14-1　Container 类常用方法

返回类型	方法名称	说　明
Component	add(Component comp)	向容器中添加其他组件，该组件可以是普通组件也可以是容器，并返回被添加的组件
Component	getComponentAt(int x,int y)	返回指定点的组件
int	getComponentCount()	返回该容器内组件的数量
Component[]	getComponents()	返回该容器内的所有组件

14.1.2　组件

与容器不同，组件是图形用户界面的最小单位之一，里面不再包含其他的成分。组件的作用是完成与用户的一次交互，包括接受用户的一个命令，接受用户的一个文本输入，向用户显示一段文本或者一个图形等。

Component 类是所有 AWT 组件的基类，它提供了基本的显示和事件处理特性。它可用来设置组件的大小、位置和可见性，其常用方法如表 14-2 所示。

表 14-2　Component 类常用方法

返回类型	方法名称	说　明
void	setLocation(int x,int y)	设置组件位置
void	setSize(int width,int height)	设置组件的大小
void	setBounds(int x,int y,int width,int height)	同时设置组件的位置，大小
void	setVisible(boolean b)	设置该组件的可见性

设置组件的位置，需要了解屏幕的坐标系是如何定义的。图 14-2 描述了当显示器分辨率为 640×480 像素时的屏幕坐标系的定义。

首先，左上角为原点，坐标值为（0，0）。向右则是 x 坐标增加，向下则是 y 坐标增加。右下角的坐标为（640，480），如图 14-3 所示。

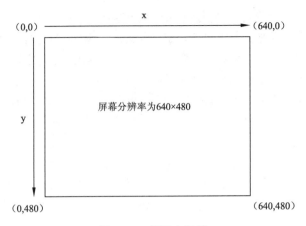

图 14-3　屏幕坐标系

通过前面的学习，了解到 Frame 类是 Container 类的子类，那么 Frame 类就可以容纳其他的组件。向窗口中加入一个按钮的程序如下：

```java
public class Test {
    public static void main(String[] args) {
        Frame frame=new Frame();
        frame.setTitle("添加按钮");
        frame.setBounds(150,150,400,300);
        Button btn=new Button("确定");      //定义按钮对象
        //将按钮添加到 Frame 中
        frame.add(btn);
        frame.setVisible(true);            //窗口可见
    }
}
```

运行程序后会看到一个窗口，并且这个窗口被一个按钮填满，如图 14-4 所示。

图 14-4　添加按钮组件

在上面的程序中，Button 类是一个按钮类，它负责在窗口中绘制按钮，并处理与按钮相关的操作。只需要创建一个 Button 对象，并调用 frame 对象的 add() 方法添加 Button 对象就可以在窗口中加入一个按钮。这里需要注意一个顺序问题：添加组件的代码应该放在 setVisible 方法调用之前。

当调用 setVisible()方法并设置参数为 true 时，AWT 会绘制整个窗体。如果在绘制窗体之前添加
Button 组件，那么按钮会出现在绘制后的窗口中。如果 Button 组件在调用 setVisible()方法之后添
加到窗口当中时，则看到的窗口不会包含按钮。但是当改变窗口大小时，按钮也会出现，因为这
些操作导致了窗口的重新绘制。而重新绘制时，Button 组件已经被添加到窗口中。

　　在 AWT 中，控制组件大小和显式位置的是布局管理器，容器靠布局管理器来管理容器中所
有组件的显示位置和大小。

14.1.3　布局管理器

　　容器里组件的位置和大小是由布局管理器来决定的。容器本身不管理这些 GUI 组件的布局，
每一个容器都有一个默认的布局管理器与其相关联，并且由此布局管理器负责管理这些 GUI 组件
在容器中的布局。容器组件可以使用默认的布局管理器，也可以通过调用容器的 setLayout()方法
来设置所需的布局管理器。一旦确定了布局管理器方式，容器组件就可以使用相应的 add()方法向
其中加入其他 GUI 组件。

　　AWT 中定义了布局管理器接口 LayoutManager，容器的 setLayout()方法的参数就是 LayoutManager。
AWT 提供了几种常用的布局管理器，这几种常用布局管理器类都是 LayoutManager 的实现类：
BorderLayout、FlowLayout、GridLayout、CardLayout。

1. BorderLayoutu 布局管理器

　　BorderLayout（边界布局管理器）是 Frame 的默认布局管理器，它把整个窗口划分为五部分：
东（East）、南（South）、西（West）、北（North）、中（Center），如图 14-5 所示。

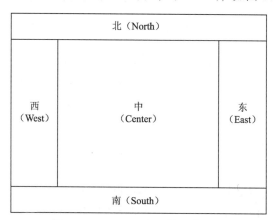

图 14-5　BorderLayout 的 5 个区域

　　下面代码说明如何使用 BorderLayout 布局管理器：

```
public class Test{
    public static void main(String[] args){
        Frame frame=new Frame("BorderLayout 布局管理器");
        frame.setBounds(150,150,400,300);
        LayoutManager lm=new BorderLayout(); //创建 BorderLayout 布局管理器对象
        frame.setLayout(lm);        //为 Frame 设置布局管理器，默认为 BorderLayout
        frame.add(new Button("北"),BorderLayout.NORTH);
        frame.add(new Button("南"),BorderLayout.SOUTH);
        frame.add(new Button("西"),BorderLayout.WEST);
```

```
        frame.add(new Button("东"),BorderLayout.EAST);
        frame.add(new Button("中"),BorderLayout.CENTER);
        frame.setVisible(true);              //窗口可见
    }
}
```

程序运行结果如图 14-6 所示。

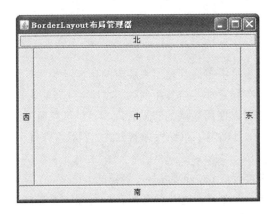

图 14-6　用 BorderLayout 布局管理器得到的窗口

add() 方法的第一个参数是要添加的组件对象，而第二个参数则表示该组件在容器中的位置。而这些位置参数是 BorderLayout 类中的常量。

当放大或缩小这个窗口时，窗口上的 5 个按钮的大小会随之改变，它们仍旧会充满整个窗口。窗口改变的时候"北"和"南"高度保持不变，宽度发生变化，而"西"和"东"宽度不改变，而高度发生变化。

如果加入更多的按钮，会得到什么样的结果呢？因为 BorderLayout 布局管理器会将整个容器分割成 5 个区域，所以它只能容纳 5 个组件，如果添加更多的组件，那么后添加的组件将会显示出来。也就是说，BorderLayout 只会在一个区域放置一个组件，而这个组件是最后一个加入容器的组件。那么如何才能添加更多的组件呢？我们可以在某个区域中添加一个容器组件，然后再向这个容器中添加更多的基本组件，也就是采用容器中套容器的方法来添加更多的组件。

2．FlowLayout 布局管理器

FlowLayout（流式布局管理器）按照组件加入的顺序从左向右排列，当一行排不下时会换另一行。当使用 FlowLayout 时，组件的大小均为最佳大小。FlowLayout 有 3 个构造方法：

（1）FlowLayout()：使用默认的对齐方式、默认垂直、水平间距创建 FlowLayout 布局管理器。

（2）FlowLayout(int align)：使用指定的对齐方式、默认垂直、水平间距创建 FlowLayout 布局管理器。

（3）FlowLayout(int align,int hgap,int vgap)：使用指定对齐方式、指定垂直、水平间距创建 FlowLayout 布局管理器。

上面 3 个构造方法中的 hgap、vgap 代表水平间距、垂直间距，align 表明 FlowLayout 中组件的排列方向（从左到右、从右到左、从中间向两边等）。该参数应该使用 FlowLayout 类中定义的静态常量：FlowLayout.LEFT、FlowLayout.CENTER、FlowLayout.RIGHT。容器 Panel 默认使用 FlowLayout 布局管理器。下面代码说明如何使用 FlowLayout 布局管理器。

```
//省略 import 语句
public class Test{
    public static void main(String[] args){
        Frame frame=new Frame();
        frame.setTitle("FlowLayout 布局管理器");
        frame.setBounds(150,150,400,300);
        //为 Frame 设置布局管理器，如果不设置，默认为 BorderLayout
        frame.setLayout(new FlowLayout());
        //向框架窗口添加 10 个 Button
        for(int i=1;i<=10;i++){
            frame.add(new Button("按钮"+i));
        }
        frame.setVisible(true);                 //窗口可见
    }
}
```

程序运行结果如图 14-7 所示。

需要注意的是：在 FlowLayout 中，无法设置组件的大小。如果设置一个 Button 组件的大小，在使用 FlowLayout 的 Frame 中，这个 Button 的大小仍旧是最佳大小。

3. GridLayout 布局管理器

GridLayout（网格布局管理器）会把窗口划分为若干个网格，然后每个格中放入一个组件。这种布局与表格很相似，网格的数目受到行和列的限制。其排布组件的顺序会按照从左到右从上到下的顺序。

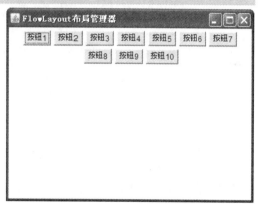

图 14-7　FlowLayout 布局管理器效果

对于 GridLayout 布局管理器来说，它会根据窗口的大小来定义组件的大小，这与 FlowLayout 不同。当为一个 Frame 设置 GridLayout 布局时，在 GridLayout 的构造方法中应该传入行数和列数

GridLayout 有如下两个构造方法：

（1）GridLayout(int rows,int cols)：采用指定行数、列数、默认横向间距、纵向间距将容器分割成多个网格。

（2）GridLayout(int rows,int cols,int hgap,int vgap)：采用指定行数、列数、指定横向间距、纵向间距将容器分割成多个网格。

GridLayout 应用示例：

```
import java.awt.Button;
import java.awt.Frame;
import java.awt.GridLayout;
public class Test{
    public static void main(String[] args){
        Frame frame=new Frame();
        frame.setTitle("GridLayout 布局管理器");
        frame.setBounds(150,150,400,300);
        //为 Frame 设置布局管理器，5 行 5 列
        frame.setLayout(new GridLayout(5, 5));
```

```
//向框架窗口添加 25 个 Button
for(int i=1;i<=25;i++){
    frame.add(new Button("按钮"+i));
}
frame.setVisible(true);                    //窗口可见
    }
}
```

程序运行结果如图 14-8 所示。

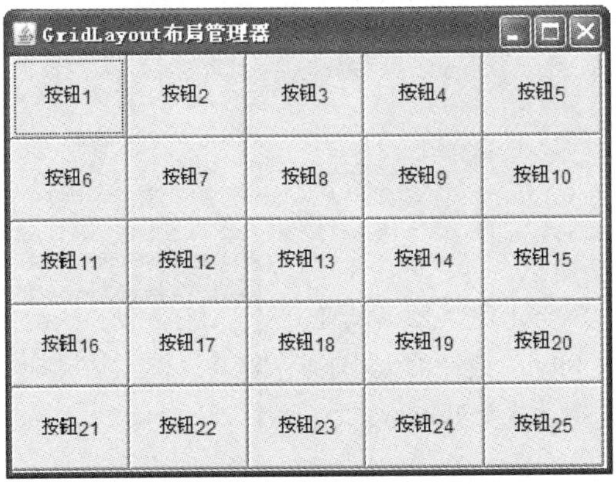

图 14-8　FlowLayout 布局管理器效果

4．CardLayout 布局管理器

CardLayout 布局管理器以时间而非空间来管理它里面的组件，它将加入容器的所有组件看成一叠卡片，每次只有最上面的那个组件才可见。就好像一副扑克牌，它们叠在一起，每次只有最上面的一张扑克牌才可见。它提供了两个构造方法：

（1）CardLayout()：创建默认的 CardLayout 布局管理器。

（2）CardLayout(int hgap,int vgap)：通过指定卡片与容器左右边界的间距(hgap)、上下边界(vgap)的间距来创建 CardLayout 布局管理器。

CardLayout 用于控制组件可见的 5 个常用方法：

（1）first(Container target)：显示 target 容器中的第一个卡片。

（2）last(Container target)：显示 target 容器中的最后一个卡片。

（3）previous(Container target)：显示 target 容器中前一个卡片。

（4）next(Container target)：显示 target 容器中后一个卡片。

（5）show(Container target,String name)：显示 target 容器中指定名字的卡片。

下面的演示代码中，frame 布局管理器设置为 CardLayout，然后向 frame 中添加 3 个 Panel(面板)，每个面板的背景设置为不同的颜色，并且在面板中添加一个文字标签。代码中没有为 Panel 设置布局管理器，Panel 默认使用的是 FlowLayout 布局管理器。最后调用 CardLayout 布局管理器的 last 方法显示最后一个面板中的内容。

```
import java.awt.CardLayout;
import java.awt.Color;
import java.awt.Frame;
import java.awt.Label;
import java.awt.Panel;
```

```
public class Test{
    public static void main(String[] args){
        Frame frame=new Frame();
        frame.setTitle("CardLayout 布局管理器");
        frame.setBounds(150,150,400,300);
        CardLayout layout=new CardLayout();
        frame.setLayout(layout);                    //设置布局管理器
        Panel p1=new Panel();
        p1.setBackground(Color.RED);                //第一个面板设置背景色为红色
        p1.add(new Label("背景为红色的面板"));
        Panel p2=new Panel();
        p2.setBackground(Color.BLUE);               //第二个面板设置背景色为蓝色
        p2.add(new Label("背景为蓝色的面板"));
        Panel p3=new Panel();
        p3.setBackground(Color.GREEN);              //第三个面板设置背景色为绿色
        p3.add(new Label("背景为绿色的面板"));
        //将三个面板添加到 frame 中,第一个参数为组件的名字，第二个为组件对象
        frame.add("redPanel",p1);
        frame.add("bluePanel",p2);
        frame.add("greenPanel",p3);
        layout.last(frame);                         //显示 greenPanel 面板
        frame.setVisible(true);
    }
}
```

程序运行结果如图 14-9 所示。

如果将上面倒数第 4 行标识处的代码去掉,则默认显示最先添加到容器中的组件,如图 14-10 所示。

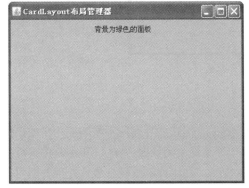

图 14-9　CardLayout 布局管理器效果（一）

图 14-10　CardLayout 布局管理器效果（二）

5. 绝对定位

如果将容器的布局管理器设置为 null,即 setLayout(null),那么组件在容器中的大小、位置需要通过代码来进行绝对定位。

向容器中添加组件时,先调用 setBounds() 或者 setSize() 方法来设置组件的大小、位置,或者直接创建 GUI 组件时通过构造参数指定该组件的大小、位置,然后将该组件添加到容器中。

绝对定位示例:

```
import java.awt.Button;
import java.awt.Frame;
```

```
public class Test{
    public static void main(String[] args){
        Frame frame=new Frame();
        frame.setTitle("NULL 布局管理器");
        frame.setBounds(150,150,400,300);
        frame.setLayout(null);
        Button btn1=new Button("按钮1");
        btn1.setBounds(30, 30,50,50);
        Button btn2=new Button("按钮2");
        btn2.setBounds(100,100, 50,50);
        frame.add(btn1);
        frame.add(btn2);
        frame.setVisible(true);
    }
}
```

程序运行结果如图 14-11 所示。

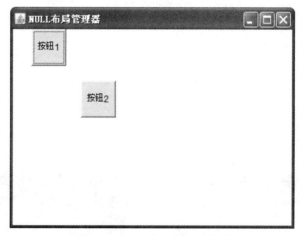

图 14-11　null 布局管理器效果

14.1.4　事件处理

前面介绍了 AWT 中的组件，并且能够呈现出图形界面，但这些界面还不能响应用户的任何操作。单击前面的所有窗口右上角的"X"按钮，窗口依然不能关闭。因为在 AWT 编程中，所有事件的处理必须由特定对象（事件监听器）来处理，而 Frame 和组件本身没有事件处理的能力。

1. 事件的概念

当单击菜单条目或按钮、移动鼠标、按键盘等一系列操作后，操作系统记录此操作，并记录光标在屏幕上的位置。操作系统判断光标所在的窗口是由哪个应用程序控制的，并将鼠标按钮按下的操作传给该程序。把程序从操作系统接收到的作为用户操作结果的信号称为事件。

2. 事件源

假设单击了程序中 GUI 的一个按钮，则这个按钮是这个事件的源。单击按钮时，程序会生成一个新对象，用来表示和识别这个事件，这个事件对象包含有关事件和事件的源信息。所有传递给 Java 程序的事件都将由一个特殊的事件对象表示，这个对象将作为参数传递给处理事件的方法。

3．事件处理器

当某个组件发生事件之后，应用程序会运行一段代码来对发生的事件进行处理。Java 中将这段事件处理代码进行了封装，放到了一个类中，这个类称为监听器。也就是说，当一个组件发生了事件之后，就会运行监听器对象中的某个方法来处理这个事件。整个事件模型如图 14-12 所示。

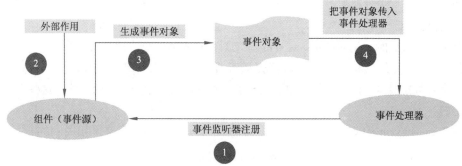

图 14-12　事件处理机制

（1）组件（事件源）并没有事件处理的能力，当组件发生事件之后，需要由事件处理器来处理事件。而在事件处理器是一个类，该类中定义了事件处理的方法。所以，必须将一个事件源的某种事件和事件监听器进行关联。这样，当某个事件源上发生了某种事件后，组件就会调用关联的事件监听器对象中的方法来处理事件。把这个关联的过程称为向事件源注册监听器对象。

（2）在组件外部的作用下（可能是鼠标点击或者键盘的点击等），就会在组件（事件源）上产生一个事件。

（3）Java 中把事件当成一个对象来处理。当事件源上发生事件之后，系统就会产生一个事件对象。这些事件对象的类在 java.awt.event 包中已经定义好了，这个包中所有以 Event 结尾的类都是事件类，在这些类中封装了事件发生时所跟随的一些信息，如发生事件的对象、事件发生的事件、事件编号等。不同的事件类包含有不同的信息。

（4）程序不一定得对所有事件进行响应。事先没有向事件源注册监听器，那么事件就被安静地处理掉。如果注册了监听器，就会调用监听器对象中的方法完成事件响应，在调用监听器对象中的方法的时候，同时将事件对象传递过去。

4．常用事件

在 java.awt.event 包中以 Event 结尾的类都是事件类，其中常用的事件如表 14-3 所示的方法。

表 14-3　常用事件

事　件　类	说　　　明
FocusEvent	组件获得焦点，失去焦点
WindowEvent	窗口事件，包括最大化、最小化、关闭等
KeyEvent	键盘事件、键按下、释放等
MouseEvent	鼠标按下、异动等
ActionEvent	运行命令

　　ActionEvent 对应一个动作事件，它不代表一个具体的动作，而是一种语义，如按钮或者菜单被鼠标单击。可以这样来理解 ActionEvent 事件，如果用户的一个动作导致了某个组件本身最基本的作用发生了，这就是 ActionEvent 事件。比如单击按钮，那么发生的就是 ActionEvent 事件。

　　这些事件类的对象一般不用自己去实例化，当在某个组件上发生事件的时候，组件的内部就会自动实例化对应的事件对象。

5. 事件监听器

　　当某个事件发生时（比如 WindowEvent），又对应很多种情况，比如窗口的最大化、最小化、关闭，那么对于触发这一事件的每一种情况，监听器又该如何来处理呢？JDK 中针对每一类事件，定义了一个监听器接口，监听器接口中又定义了针对事件的若干种情况的方法，这些方法的名称都是固定的。

　　比如 WindowEvent，JDK 中定义了 WindowListener 接口，该接口中定义了如表 14-4 所示的方法。

表 14-4　WindowListener 监听器接口中的方法

返 回 类 型	方 法 名 称	说　　明
void	windowActivated(WindowEvent e)	将 Window 设置为活动 window 时调用
void	windowClosed(WindowEvent e)	因对窗口调用 dispose 而将其关闭时调用
void	windowClosing(WindowEvent e)	用户从窗口的系统菜单中关闭窗口时调用
void	windowIconified(WindowEvent e)	窗口从正常状态变为最小化状态时调用
void	windowOpened(WindowEvent e)	窗口首次变为可见时调用

　　我们需要做的工作就是编写一个类，实现这个监听器接口，然后在感兴趣的方法中添加事件处理代码，最后实例化这个监听器类，将这个监听器的对象"注册"到组件上即可。

　　每个组件都有 add×××Listener 方法，这个方法可以用来注册×××Listener 监听器。比如，给 Frame 组件注册一个 WindowListener 监听器，就可以调用 Frame 的 addWindowListner()方法来注册 WindowListener 监听器对象。

　　下面的代码就为 Frame 添加了 WindowListener 监听器，使得单击窗口的"×"按钮时关闭窗口。

　　首先定义一个类，实现 WindowListener 监听器接口：

```
public class MyWindowListener implements WindowListener{
    public void windowActivated(WindowEvent e) {}
    public void windowClosed(WindowEvent e) {}
    public void windowDeactivated(WindowEvent e) {}
    public void windowDeiconified(WindowEvent e) {}
    public void windowIconified(WindowEvent e) {}
    public void windowOpened(WindowEvent e) {}
    public void windowClosing(WindowEvent e) {
        Frame frame=(Frame) e.getSource();      //获取事件源
        frame.dispose();                        //销毁窗口
    }
}
```

　　上面的代码中只实现了 windowCloseing()方法，其他方法都是空实现。其他的方法都是接口中定义的，实现类不得不实现这些方法，所以都是空实现，没有具体的代码。下面就可以将它的实例注册到 Frame 上：

```
public class Test {
    public static void main(String[] args){
        Frame frame=new Frame("事件处理");
        frame.setBounds(150,150,400,300);
        frame.addWindowListener(new MyWindowListener()); //注册监听器对象
        frame.setVisible(true);
    }
}
```

运行程序，单击窗口右上角的"×"，发现窗口可以关闭。

提示：上面的代码中为了简洁，省略了相关类的 import 语句。

表 14-5 所示为常见事件对应的监听器接口中的方法。

表 14-5　WindowListener 监听器接口中的方法

事　　件	监听器接口
FocusEvent	FocusListener
WindowEvent	WindowListener
KeyEvent	KeyListener
MouseEvent	MouseListener
ActionEvent	ActionListener

这里可以总结出处理 GUI 组件上的×××Event 事件的一般步骤：

（1）编写一个实现了×××Listener 接口的事件监听器类。

（2）在×××Listener 类和要处理的具体事件情况对应的方法中编写处理程序代码。

（3）将类×××Listener 创建的对象通过 add×××Listener 方法注册到 GUI 组件上。

×××可以是各种不同的事件，如 Window、Mouse、Key、Action。

6. 适配器类

上面的程序中实现了 WindowListener 监听器接口，但是接口要求实现类必须实现它所有的方法。为了简化编程，JDK 对大多数事件监听器接口定义了相应的实现类，称之为事件适配器（Adapter）。适配器类中，实现了相应监听器接口中所有的方法，但不做任何实现，子类只要继承了适配器类，就等于实现了相应的监听器接口。

表 14-6 所示为事件类、监听器、监听器的适配器类的对应关系。

表 14-6　事件类、监听器、适配器类的对应关系

事　　件	监听器接口	适　配　器
FocusEvent	FocusListener	FocusAdapter
WindowEvent	WindowListener	WindowAdapter
KeyEvent	KeyListener	KeyAdapter
MouseEvent	MouseListener	MouseAdapter
ActionEvent	ActionListener	无

为什么 ActionListener 没有对应的适配器类呢？因为在 ActinListener 接口中，只定义了一个方法 void actionPerformed(ActionEvent e)，没有必要再定义一个它的适配器类。

所以上面程序中的监听器类就不需要直接实现 WindowListener 接口，而是从 WindowAdapter 适配器中继承，然后重写 windowClosing()方法即可：

```java
import java.awt.Frame;
import java.awt.event.WindowAdapter;
import java.awt.event.WindowEvent;
public class MyWindowListener extends WindowAdapter {
    public void windowClosing(WindowEvent e){
        Frame frame=(Frame) e.getSource();      //获取事件源
        frame.dispose();                        //销毁窗口
    }
}
```

7. 内部类与匿名内部类

如果一个事件监听器类只用于一个组件上注册监听器事件对象，为了让程序更紧凑，可以使用匿名内部类的语法来产生这个事件监听器对象，这也是一种经常使用的方法。

如果将一个类 A 定义到另外一个类 B 的内部，那么 A 类就是 B 类的内部类，内部类 A 就可以作为外部类 B 的一个成员，与 B 类的成员方法和成员属性具备一样的地位，都是 B 中的成员，此时 A 中可以直接调用 B 中成员，包括私有成员。

```java
public class B {
    private int number=10;
    public void testB(){
        System.out.println(number);
    }
    class A{
        public void testA(){
            //此时内部类中可以直接使用外部类中的成员
            System.out.println(number);
        }
    }
}
```

既然 A 类是 B 类的一个成员，所以 private、默认、protected、public，4 个访问修饰符都可以使用。使用时直接在外部类中实例化内部类即可。

如果内部类使用 static 修饰符修饰，那么这个内部类中所有的成员必须是静态的。

```java
public class B {
    private static  int number=10;
    public void testB_1(){
        System.out.println(number);
    }

    public void testB_2(){
        A.testA();
    }
    static class A{
        public static  void testA(){
            //此时内部类中可以直接使用外部类中的成员
```

```
            System.out.println(number);
        }
    }
}
```

如果一个类需要定义到另外一个类中，而这个类又没有名字，那么这个类叫作匿名内部类，下面是一个小孩（Boy）喂养宠物的例子：

```
public interface Pet {              //宠物接口
    public void eat(String food);
}
public class Boy{                   //Boy 类
    public void feed(Pet pet,String food){
        pet.eat(food);
    }
}
public class Test {
    public static void main(String[] args) {
        Boy boy=new Boy();
        boy.feed(new Pet(){
            public void eat(String food) {
                System.out.println("宠物吃"+food);
            }
        }, "骨头");
    }
}
```

在调用 boy() 的 feed() 方法时，需要一个实现了 Pet 接口的对象，而实现了 Pet 接口的类又没有创建，所以在传递参数时，可以立即创建一个类，并实例化。new 就是实例化这个类，而这个类是没有名字的，而且还需要实现 Pet 接口，所以就可以写成：

```
new  Pet(){
pet 接口中的方法实现
}
```

注意：这里的 new 并不是实例化一个接口，而是并不是实例化一个 Pet 接口的实现类，而这个类没有名字。

8. 使用匿名内部类完成事件处理

下面的程序完成的功能是单击窗口中的一个按钮，此后在窗体的 Label 组件中显示"Hello AWT"字样。

```
public class MyFrame extends Frame{
    private Button btn;
    private Label label;
    public MyFrame() throws HeadlessException{
        super("匿名内部类处理事件");init();
    }
    private void init(){
        this.setLayout(null);                       //设置为绝对布局方式
        btn=new Button("显示信息");btn.setBounds(77, 79, 78, 29);
        btn.addActionListener(new ActionListener() {    //注册监听器
            public void actionPerformed(ActionEvent e){
```

```
                   label.setText("Hello AWT!");
                }
            });
            label=new Label();label.setBounds(76, 36, 134, 24);
            this.add(btn);
            this.add(label);
            this.setBounds(100,200,250,200);
            this.setVisible(true);
            this.addWindowListener(new WindowAdapter(){      //注册监听器
                public void windowClosing(WindowEvent e){
                    System.exit(0);
                }
            });
        }
    }
```

编写启动类：

```
public class Test {
    public static void main(String[] args) {
        new MyFrame();
    }
}
```

程序运行程序结果如图 14-13 所示。

（a）单击"显示信息"按钮前

（b）单击"显示信息"按钮后

图 14-13　运行结果

提示：为了简洁，上面的代码中省略了相关类的 import 语句。

14.1.5　AWT 常用组件

AWT 提供了如下基本组件：

（1）Button：按钮，接受单击操作。

（2）Canvas：用于绘图的画布。

（3）CheckBox：复选框组件。

（4）CheckboxGroup：用于将多个 Checkbox 组件组合成一组，一组 Checkbox 组件将只有一个可以被选中。

（5）Choice：下拉式选择框组件。

（6）Frame：窗口，在 GUI 程序中通过该类创建窗口。

（7）Label：标签类，用于放置提示性文本。

（8）List：列表框组件，可以添加多项条目。

14.1.6　字体颜色

Java 中使用 Font 类表示单独的字体，包含字体名称、风格、大小。字体的名称是代表字体集合的字符串，如 Arial、宋体、黑体等字体。字体风格是 Font 类定义的静态常量：Font.PLAIN、Font.BOLD 和 Font.ITALIC。大小代表字体的尺寸，创建字体 Font 对象的构造方法需要传递 3 个参数，例如：

```
Font f=new Font("宋体",Font.BOLD,24);
```

如果是粗体加斜体，则定义的方式为：

```
Font f=new Font("宋体",Font.BOLD+Font.ITALIC,24);
```

程序中指定的字体取决于系统中安装的字体库，如果系统中没有指定的字体，则 Java 会使用默认的字体。Java.awt.Toolkit 类提供了 getFontList()方法可以得到当前系统中可用的字体库的列表。

Java 中提供了 Color 类允许用户任意选择自己所需的颜色，如表 14-7 所示。

表 14-7　Color 定义的常见颜色

Java 类定义的值	颜 色 名 称
Color. BLACK	黑色
Color. BLUE	蓝色
Color. CYAN	青色
Color. GRAY	灰色
Color. GREEN	绿色
Color. ORANGE	橙色
Color. RED	红色
Color. WHITE	白色
Color. YELLOW	黄色

也可以调用构造方法 public Color(int r,int g,int b) 来构建更多的颜色。RGB 分别代表红（Red）、绿(Green)、蓝（Blue）3 种颜色，每种颜色的色值在 0～255 之间，经不同的色值组合起来，就可以获得各种不同的颜色。

14.1.7　图形和绘制方法

Java 中的任何一个图形组件，小到文本框、标签，大到一个 Frame、一个 Dialog，都有一个专门负责显示其界面的方法，这个方法是在 Component 类中定义的，所以所有的 GUI 组件都有这个方法。它的原型为 public void paint(Graphics g) { … }，每当组件大小、位置、组件内容发生变化时，该方法即负责绘制新的图形界面显示。由于该方法可以被子类继承，因此，继承的子类可以重写该方法。如果子类中没有重写该方法，则表示其行为完全继承自父类，那么不管是组件中是否添加了新的内容，是否发生了大小的改变，是否发生了位移，父类都有一个专门的线程来负责描绘变化以后的组件界面。paint()方法由父类自动维护，并且如果子类一旦重写了该方法，必须自己去维护所有的界面显示。

paint()方法的参数是 java.awt.Graphics，这个类中提供了丰富的绘图方法：如画线、椭圆、矩形、圆形等。所有这些图形都可以容器中的一定位置进行绘制。Graphics 类是一个抽象的画笔对象，它提供了几个方法用于绘制几何图形和位图：

（1）drawLine：绘制直线。

（2）drawString：绘制字符串。

（3）drawRect：绘制矩形。

（4）drawRoundRect：绘制圆角矩形。

（5）drawOval：绘制椭圆。

（6）fillRect：填充一个矩形区域。

（7）fillOval：填充椭圆区域。

（8）drawImage：绘制位图。

以下代码演示如何进行绘图，代码中省略了相关类的 import 语句，省略了退出事件处理代码：

```java
//省略 import 语句
public class MyFrame extends Frame{
    public MyFrame() throws HeadlessException{
        super("绘制图形");init();
    }
    private void init(){
        this.setBounds(100, 200, 400, 300);
                                    //关闭窗口事件处理代码略
        this.setVisible(true);
    }
    public void paint(Graphics g){
        super.paint(g);
        System.out.println("调用了 paint 方法!");
        g.setColor(Color.RED);      //设置画笔颜色
                                //绘制直线起点为 x=50,y=50 终点为 x=120,y=120
        g.drawLine(50,50,120,120);
                                    //绘制矩形
        g.setColor(Color.BLUE);     //改变画笔颜色
        g.drawRect(100,80 ,100, 100);
        //绘制文字
        g.setColor(Color.GREEN);  //改变画笔颜色
        g.setFont(new Font("宋体",Font.ITALIC,20));         //设置字体
        g.drawString("Java 绘制图形",100,200);
    }
    public static void main(String[] args){
        new MyFrame();
    }
}
```

程序运行结果如图 14-14 所示。

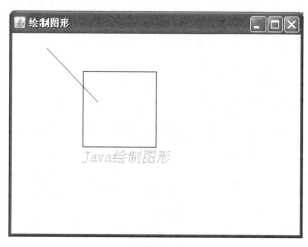

图 14-14　绘图效果

上面的代码中重写了组件的 paint()方法，但是这个方法并没有调用，而是由系统来调用的。第一次显示窗口的时候，该方法会被调用，而以后只要窗口发生改变：窗口大小改变，最小化之后重新显示都会调用 paint()方法。

除了 paint()方法以外 Component 类中还有两个与绘图相关的方法：

（1）update(Graphics g)：调用 paint()方法，刷新组件外观。

（2）repaint()：调用 update()方法，刷新组件外观。

这 3 个方法的调用关系为 repaint()方法调用 update()方法，而 update()方法调用 paint()方法。具体流程为：

- 当组件第一次显示时，系统调用 paint()方法负责绘制组件上所有的内容。
- 当组件的大小改变，或者组件隐藏后重新显示时，系统调用 update()方法擦除掉原来绘制的内容，然后调用 paint()方法绘制组件上的内容。当在应用程序中调用 repaint()方法时，系统也会调用 update()方法，update()再调用 paint()方法进行绘制。

所以在程序中不应该主动调用组件的 paint()和 update()方法，这两个方法都由 AWT 系统负责调用。如果程序中希望 AWT 系统重新绘制该组件，调用该组件的 repaint()方法即可。而 paint()方法和 update()方法通常用于被重写，通常程序通过重写 paint()方法实现在 AWT 组件上绘图。

14.2　Swing 概述

前面学习了 AWT，AWT 是 Swing 的基础。Swing 的产生主要原因就是 AWT 不能满足图形化用户界面发展的需要。AWT 设计的初衷是支持开发小应用程序的简单用户界面。例如，AWT 缺少剪贴板、打印支持、键盘导航等特性，而且原来的 AWT 甚至不包括弹出式菜单或滚动窗格等基本元素。

为了重塑 Java 在 GUI 开发上的优势，Sun 公司和 NetScape 公司达成协议，共同开发 Java 基础类库 JFC，把 NetScape 中的 Internet 基础类中优秀和先进的设计思想集成进 JFC 中。JFC 通过添加一组 GUI 类库扩展了原始 AWT，它包括以下的一些模块：Swing 组件集、可访问性 API、拖放 API、Java 2D API。

Swing 绝大多数组件是由 100%纯 Java 实现的，只有 JFrame、JDialog、JWindow、JApplet 不是纯 Java 所写，主要是窗口画面总要有跟操作系统沟通的渠道，这样才知道用户是不是按了键盘，按了鼠标或关闭了窗口。其他 Swing 组件是用 Java 实现的轻量级（light-weight）组件，没有本地代码，不依赖操作系统的支持，这是它与 AWT 组件的最大区别。

图 14-15 所示为 Swing 组件结构图。

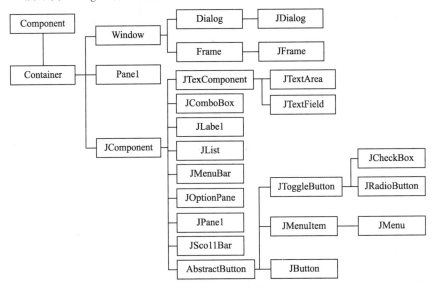

图 14-15　Swing 组件结构图

从结构图中可以看出：Swing 组件是基于 AWT 构建，除了 AbstractButton 类之外都以 J 开头。

14.2.1　容器

Swing 中的容器有两类：

（1）顶级容器(JFrame、JApplet、JDialog)。

（2）中间容器（JPanel、JScrollPane、JTabbedPane、JToolBar）。

1. 顶级容器

当使用 Java 进行 GUI 图形编程的时候，需要一个能够提供图形绘制的容器，这个容器就称为顶层容器，也可以把它想象成一个窗口。顶层容器是进行图形编程的基础，一切图形化的东西，都必然包括在顶层容器中。在 Swing 中，有三种可以使用的顶层容器，分别是：

（1）JFrame：用于框架窗口的类，此窗口带有边框、标题、用于关闭和最小化窗口的图标等。带 GUI 的应用程序通常至少使用一个框架窗口。

（2）JDialog：用于对话框的类。

（3）JApplet：用来设计可以嵌入在网页中的 Java 小程序。

每一个窗口应用程序中有且只能有一个顶层容器控件，顶层容器不能包括在其他的控件中。

2. 中间容器

中间容器可以被放置到另外的容器中，常见的中间容器如下：

（1）JPanel：最灵活、最常用的中间容器。

（2）JScrollPane：与 JPanel 类似，但还可在大的组件或可扩展组件周围提供滚动条。

（3）JTabbedPane：包含多个组件，但一次只显示一个组件。用户可在组件之间方便地切换。

（4）JToolBar：按行或列排列一组组件（通常是按钮）。

Swing 对放入容器中的组件，不管是顶级容器，还是中间容器，都使用布局管理器对布局进行管理，使用的布局管理器与 AWT 是一样的。

14.2.2　组件

基本组件是构成应用程序界面的基本元素，如按钮、文本框、进度条等都是基本组件。常用的基本组件如表 14-8 所示。

表 14-8　Swing 基本组件

组　　件	说　　明
JLabel	显示一个字符串，一个图标或者同事显示字符串和图标
JButton	显示一个按钮
JCheckBox	显示为一个复选框
JRadioButton	显示为一个单选按钮
JTextField	显示单行文本框
JTextArea	显示多行文本
JPasswordField	显示为密码框
JList	显示为可用选取的对象列表
JComboBox	显示为组合框
JTable	显示为表格
JTree	显示为树型结构

14.2.3　优点

使用 Swing 进行 GUI 编程具备以下几个优点：

1. 轻量级

Swing 组件是轻量级组件，所有的图形组件都是用 Java 代码画出来的，这样平台移植性更强。而与 AWT 组件相比，AWT 组件就属于重量级组件，重量级组件是调用操作系统的函数画出来的组件，比如主窗体。因此，Swing 比 AWT 组件具有更强的实用性。Swing 在不同的平台上表现一致，并且有能力提供本地窗口系统不支持的其他特性。

2. 可改变外观

Swing 外观感觉采用可插入的外观感觉（Pluggable Look and Feel，PL&F），可以让用户定制自己的桌面，更换新的颜色方案，让窗口系统适应用户的习惯和要求。在 AWT 组件中，由于控制组件外观的对等类与具体平台相关，使得 AWT 组件总是只有与本机相关的外观。Swing 使得程序在一个平台上运行时能够有不同的外观。用户可以选择自己习惯的外观。

3. MVC 结构

Swing 胜过 AWT 的主要优势在于 MVC 体系结构的普遍使用。在一个 MVC 用户界面中，存 3

个通信对象：模型、视图和控制器。模型是指定的逻辑表示法，视图是模型的可视化表示法，而控制器则指定了如何处理用户输入。当模型发生改变时，它会通知所有依赖它的视图，视图使用控制器指定其响应机制。

为了简化组件的设计工作，在 Swing 组件中视图和控制器两部分合为一体。每个组件有一个相关的分离模型和它使用的界面（包括视图和控制器）。比如，按钮 JButton 有一个存储其状态的分离模型 ButtonModel 对象。组件的模型是自动设置的，例如一般都使用 JButton 而不是使用 ButtonModel 对象。另外，通过 Model 类的子类或通过实现适当的接口，可以为组件创建自己的模型。把数据模型与组件联系起来用 setModel()方法。

4．性能更稳定

由于它是纯 Java 实现的，不会有 SWT 的兼容性问题。Swing 在每个平台上都有相同的性能，不会有明显的性能差异。

14.3　Swing 中的容器组件

下面通过代码分别介绍 Swing 中容器组件是如何使用的。Swing 中的事件响应机制与 AWT 是一样的，代码中出现的事件处理不再进行说明。

14.3.1　JFrame

Swing 应用程序是基于框架窗口 JFrame 的，它是一个顶层容器。它包含一个 JRootPane 实例的引用。不能直接将 GUI 组件直接加入到 JFrame 中，它通过根容器 JRootPane 来管理和维护 GUI 组件。JFrame 默认的布局管理器是 BordLayout。

不必像 AWT 的 Frame 类那样为了响应关闭按钮而注册一个 windowListener 监听器。JFrame 类提供了一个 setDefaultCloseOperation()方法用来设置当点击关闭按钮时的默认操作。在此，直接用 JFrame 中的 EXIT_ON_CLOSE 常量即可。

```java
import javax.swing.JFrame;
public class MyJFrame extends JFrame{
    public MyJFrame(String title){
        super(title);
        init();
    }
    private void init(){
        this.setSize(400, 300);                            //设置宽度，高度
        this.setLocationRelativeTo(null);                  //屏幕中间出现
        this.setDefaultCloseOperation(JFrame.EXIT_ON_CLOSE); //关闭按钮
        this.setVisible(true);
    }
    public static void main(String[] args){
        new MyJFrame("MyJFrame演示");
    }
}
```

14.3.2　JPanel

JPanel 是 Swing 中使用最多的组件之一，其默认的布局管理器是 FlowLayout。下面的代码中

在 JFrame 中添加了两个 JPanel，每个 JPanel 中存放一个标签，并将 JPanel 中的背景设置成不同的颜色。

往 JFrame 中放置组件时，不能直接调用 JFrame 的 add()方法，而应该调用 JFrame 的 getContentPane()获取内容面板，然后再往这个面板中添加其他组件。

```java
import javax.swing.JFrame;
import javax.swing.JLabel;
import javax.swing.JPanel;
public class MyJFrame extends JFrame{
    public MyJFrame(String title){
        super(title);
        init();
    }
    private void init(){
        this.setSize(400, 300);                            //设置宽度，高度
        this.setLocationRelativeTo(null);                  //屏幕中间出现
        this.setDefaultCloseOperation(JFrame.EXIT_ON_CLOSE); //关闭按钮
        JPanel p1=new JPanel();
        p1.add(new JLabel("第一个JPanel"));
        p1.setBackground(Color.GRAY);
        JPanel p2=new JPanel();
        p2.add(new JLabel("第二个JPanel"));
        p2.setBackground(Color.GREEN);

        this.setLayout(new FlowLayout());
        //添加面板,不能直接往JFrame中添加组件
        this.getContentPane().add(p1);
        this.getContentPane().add(p2);
        this.setVisible(true);
    }
    public static void main(String[] args){
        new MyJFrame("添加JPanel");
    }
}
```

程序运行结果如图 14-16 所示。

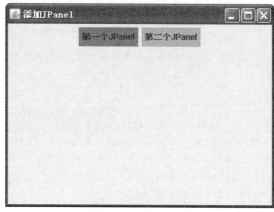

图 14-16　JPanel 用法

14.3.3　JScrollPane

　　JScrollPane 组件是一个特殊的组件，它不同于 JFrame、JPanel 等普通容器，甚至不能指定自己的布局管理器。它主要用于为其他 Swing 组件提供滚动条支持。JScrollPane 通常由普通 Swing 组件，可选的垂直、水平滚动条以及可选的行、列标题组成。

　　如果希望让 JTextArea、JTable 等组件能有滚动条支持，只要将该组件放入 JScrollPane 中即可，再将该 JScrollPane 容器添加到窗口中。

　　下面的例子在 JFrame 中添加了一个 JTextArea、一个 JTextField 和一个 JButton。JTextArea 被放入到了 JScrollPane 中，当 JTextArea 中文字超出了空白区域，就会加入滚动条。JScrollPane 放入到 JFrame 的"中部"（JFrame 的布局管理器为 BorderLayout）。JButton 和 JTextField 被放到了一个 JPanel 中，JPanel 放到 JFrame 的"南"上。当在 JTextField 中输入文字，然后单击按钮之后，输入的信息就会进入到 JTextArea 中。当 JTextArea 中的文字超出了 JTextArea 本身空白范围时，就会自动加上滚动条。

```java
//省略 import 语句
public class MyJFrame extends JFrame{
    private JTextField txtMessage;                    //消息输入框
    private JButton btnSend;                          //发送按钮
    private JTextArea txtArea;
    public MyJFrame(String title){
        super(title);
        init();
    }
    private void init(){
        this.setSize(400, 300);                       //设置宽度，高度
        this.setLocationRelativeTo(null);             //屏幕中间出现
        this.setDefaultCloseOperation(JFrame.EXIT_ON_CLOSE); //关闭按钮
        JScrollPane jsp=new JScrollPane();
        txtArea=new JTextArea();
        jsp.setViewportView(txtArea);
        Panel pBottom=new Panel();
        txtMessage=new JTextField(25);
        btnSend=new JButton("发送消息");
        pBottom.add(txtMessage);                      //使用默认的 FlowLayout
        pBottom.add(btnSend);
        this.getContentPane().add(jsp,BorderLayout.CENTER);   //添加面板
        this.getContentPane().add(pBottom,BorderLayout.SOUTH);
        this.setVisible(true);
                                                      //为按钮添加事件
        btnSend.addActionListener(new ActionListener() {
            public void actionPerformed(ActionEvent e) {
                StringBuilder sb=new StringBuilder(txtArea.getText());
                sb.append(txtMessage.getText()+"\r\n");
                txtArea.setText(sb.toString());
            }
        });
```

```
    }
    public static void main(String[] args) {
        new MyJFrame("JScrollPane");
    }
}
```

程序运行结果如图 14-17 所示。

图 14-17 JScrollPane 用法

通常将 JTextArea、JTable、JTree、JList 加入到 JScrollPane 中，让它们能出现滚动条。

14.4 SwingGUI 组件

Swing 中的常用基本组件 JLabel、JTextField、JTextArea、JButton、JCheckBox、JRadioButton 和 JComboBox 使用都比较简单，更多的方法可以参考 JavaDoc。下面讲解 2 种常见的复杂组件：JTable 与 JTree。

14.4.1 JTable

JTable 组件显示数据行与数据列，它是 Swing 中比较复杂的组件之一，也是功能强大的组件之一，因此 Swing 专门提供了独立的包（javax.swing.table），包含了表格的支持接口和类。

表格组件由一个表格头部（显示列头部）、表格列和单元值组成。它的滚动需要 JScrollPane 组件的支持。只有把表格组件包含在滚动面板中，表格组件才能自动显示列的头部，否则表格的列头部是不可见的。

JTable 提供了多种构造方法，如表 14-9 所示。

表 14-9 JTable 的构造方法

构 造 方 法	说 明
JTable()	建立一个新的 JTables，并使用系统默认的 Model
JTable(int numRows,int numColums)	建立一个具有 numRows 行，numColumns 列的空表格，使用的是 DefaultTableModel
JTable(Object[ ][ ] rowData,Object[ ] columnNames)	建立一个显示二维数组数据的表格，且可以显示列的名称
JTable(TableModel dm)	用数据模型构造

Swing 中大多数组件是按照 MVC 设计模式设计出来的，JTable 也不例外，MVC 最大的好处在于实现了数据与表现的分离。JTabel 不存储它的单元数据，它的所有实例把它们的单元值交给了实现了 TableModel 接口的对象来维护和管理。Swing 提供了接口默认的实现类 DefaultTableModel，该类实现了所有的 TabeModel 接口所定义的方法，当 DefaultTableModel 不满足需求时就要自己去实现 TabeModel 接口。

由于 TableModel 本身是一个接口，因此若要直接实现此接口来建立表格并不是件轻松的事。Java 提供了两个类分别实现了这个接口：一个是 AbstractTableModel 抽象类；一个是 DefaultTableModel 实现类。前者实现了大部分的 TableModel 方法,让用户可以很有弹性地构造自己的表格模式。

DefaultTableModel 继承了 AbstractTableModel，是 Java 默认的表格模式，而 AbstractTableModel 实现了 TableModel 接口。AbstractTableModel 抽象类可实现大部分的 TableModel 方法，getRowCount()、getColumnCount()、getValueAt()这 3 个方法除外。因此，主要的任务就是去实现这 3 个方法。要想生成一个具体的 TableModel 作为 AbstractTableMode 的子类，至少必须实现上面列出的 3 个方法。

DefaultTableModel 继承 AbstractTableModel 抽象类而来，且实现了 3 个抽象方法，因此在实际的使用上，DefaultTableModel 比 AbstractTableModel 来简单许多。

DefaultTableModel 的构造方法如表 14-10 所示。

表 14-10　DefaultTableModel 的构造方法

构 造 方 法	说　明
DefaultTableModel()	创建一 DefaultTableModel,里面没有任何数据
DefaultTableModel(int numRows,int numColumns)	创建一个指定行列数的 DefaultTableModel
DefaultTableModel(Object[][] data,Object[] columnNames)	创建一个 DefaultTableModel，输入数据格式为 Object Array，系统会自动调用 setDataVector()方法来设置数据
DefaultTableModel(Object[] columnNames,int numRows)	创建一个 DefaultTableModel，并具有 Column Header 名称与行数信息
DefaultTableModel(Vector columnNames,int numRows)	创建一个 DefaultTableModel,并具有 column Header 名称与行数信息

下面利用 DefaultTableModel 来构建一个 JTable，并显示出来：

```java
public class MyJFrame extends JFrame{
    private JTable table;                          //表格
    public MyJFrame(String title){
        super(title); init();
    }
    private void init() {
        this.setSize(400, 300);                    //设置宽度，高度
        this.setLocationRelativeTo(null);          //屏幕中间出现
        this.setDefaultCloseOperation(JFrame.EXIT_ON_CLOSE); //关闭按钮
        String[][] data={{"1","张三","男"},{"2","李四","女"},{"3","王五","男"}};
        String[] columnNames={"编号","姓名","性别"};
        //table 的数据模型
```

```
        DefaultTableModel dtm=new DefaultTableModel(data, columnNames);
        table=new JTable(dtm);
        JScrollPane jp=new JScrollPane(table);
        this.getContentPane().add(jp);
        this.setVisible(true);
    }
    public static void main(String[] args) {
        new MyJFrame("JTable 的使用");
    }
}
```

程序运行结果如图 14-18 所示。

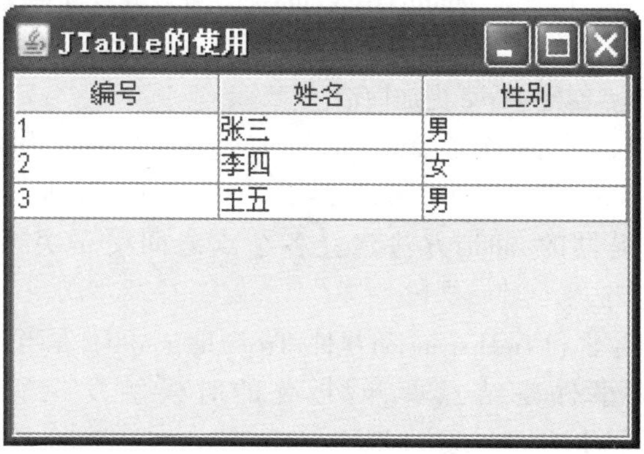

图 14-18　JTable 用法

14.4.2　JTree

JTree 用于表示树状图以垂直的分层结构方式描述信息，Windows 中的资源管理器或文件管理器用树状结构来描述文件和文件夹。树层次结构中的每一行称为一个结点，每个树都有一个根结点，可由这个根结点展开所有结点包含实际的数据。

JTree 上的每一个结点就代表一个 TreeNode 对象。TreeNode 是 Swing 中定义的一个接口，存放在 javax.swing.tree 包中，这个接口中定义了如表 14-11 所示的方法。

表 14-11　TreeNode 接口

返回类型	方　法　名	说　　明
Enumeration	children()	以 Enumeration 的形式返回接收者的子结点
TreeNode	getChildAt(int childIndex)	返回索引 childIndex 位置的子 TreeNode
int	getChildCount()	返回接收者包含的子 TreeNode 数
int	getIndex(TreeNode node)	返回接收者子结点中的 node 的索引
TreeNode	getParent()	返回接收者的父 TreeNode
boolean	isLeaf()	如果接收者是一个叶结点，则返回 true

创建一棵树，可以直接使用 JTree 的构造函数创建 JTree 对象，常用构造方法如表 14-12 所示。

表 14-12　JTree 构造方法

构 造 方 法	说 明
JTree(TreeModel newModel)	使用指定的数据模型创建 JTree，默认显示根结点
JTree(TreeNode root)	使用 root 作为根结点，默认显示根结点
JTree(TreeNode root,Boolean asksAllowsChildren)	使用 root 作为根结点，默认显示根结点。asksAllowsChildren 参数控制怎样的结点才算子结点，如果为 true，则只有当程序使用 setAllowsChildren(false)显示设置某个结点不允许添加子结点时，才会被 JTree 当成叶子结点；如果为 true，则只要这个结点没有子结点时，该结点都会被 JTree 当成叶子结点

　　Swing 为 TreeModel 提供了一个 DefaultTreeModel 类，可以先创建 DefaultTreeModel，然后再创建 JTree。但通过 DefaultTreeModel 的 API 文档发现，创建 DefaultTreeModel 对象依然需要传入根 x 结点，所以直接通过根结点创建 JTree 更加简洁。

　　TreeNode 是一个接口，它有一个子接口 MutableTreeNode，Swing 为该接口提供了默认的实现类：DefaultMutableTreeNode。程序中可以通过 DefaultMutableTreeNode 来为树创建结点，并通过 DefaultMutableTreeNode 提供的 add()方法建立各结点之间父子关系，然后调用 JTree 的 JTree(TreeNode root)构造方法来创建一棵树。

　　JTree 有 TreeSelection 事件和 TreeExpansion 事件，TreeSelection 事件是当选中了 JTree 中的结点的时候触发，TreeExpansion 事件是结点展开/折叠的时候触发，所以需要调用 JTree 的 addTreeSelectionListener(TreeSelectionListener tsl) 和 addTreeExpansionListener(TreeExpansionListener tel)法来注册事件监听器。

　　下面例子中 JFrame 左边放置一颗树，当点击树种的结点的时候，右边显示选择情况，效果如图 14-19 所示。

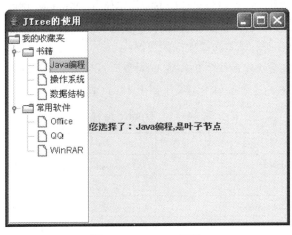

图 14-19　JTable 用法

　　由于程序代码较长，这里只给出核心程序代码：

```
public class MyJFrame extends JFrame{
    private JTree tree;
    private JLabel lblInfo;
                    //省略构造方法
```

```
    private void init(){
                        //省略设置宽度，高度，首次出现为止，关闭按钮事件处理代码
        DefaultMutableTreeNode root=new DefaultMutableTreeNode("我的收藏夹");
                        //根目录
        DefaultMutableTreeNode bookNode=new DefaultMutableTreeNode("书籍");
                        //二级目录
        DefaultMutableTreeNode softNode=new DefaultMutableTreeNode("常用软件");
                        //二级目录
                        //书籍结点下的子结点
        bookNode.add(new DefaultMutableTreeNode("Java 编程"));
        bookNode.add(new DefaultMutableTreeNode("操作系统"));
        bookNode.add(new DefaultMutableTreeNode("数据结构"));
                        //常用软件下的子结点
        softNode.add(new DefaultMutableTreeNode("Office"));
        softNode.add(new DefaultMutableTreeNode("QQ"));
        softNode.add(new DefaultMutableTreeNode("WinRAR"));
                        //将二级目录加入到根目录中
        root.add(bookNode);root.add(softNode);
                        //将根目录加入到 JTree 中
        tree=new JTree(root);
                        //将 JTree 加入到 JScrollPane 中
        JScrollPane  scrollPane=new JScrollPane(tree);
                        //JScrollPane 加入到 JFrame 中
        this.getContentPane().add(scrollPane,BorderLayout.WEST);
                        //JFrame 中加入一个 JLabel，用于显示提示信息
        lblInfo=new JLabel();
        this.getContentPane().add(lblInfo);
        this.setVisible(true);
                        //JTree 事件处理代码在下一页
    }

                        //省略 main 方法
}
```

JTree 的事件处理代码：

```
//JTree 事件处理
tree.addTreeSelectionListener(new TreeSelectionListener(){
        public void valueChanged(TreeSelectionEvent e) {
            DefaultMutableTreeNode node=
                (DefaultMutableTreeNode)tree.getLastSelectedPathComponent();
            String info="您选择了: "+node.toString();
            info+=",是"+(node.isLeaf()?"叶子结点":"非叶子结点");
            lblInfo.setText(info);
        }
    }
);
```

14.5 菜　　单

Swing 中的创建菜单是将菜单条、菜单、菜单项组合在一起即可。菜单条使用 JMenuBar，菜单使用 JMenu，菜单项使用 JMenuItem。Swing 中提供的与菜单相关的类的关系如图 14-20 所示。

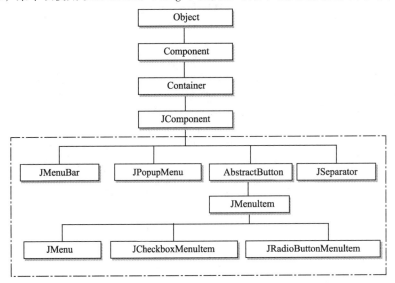

图 14-20　菜单相关的类结构图

（1）JMenuBar：可通过 JFrame、JWindow 或 JInternalFrame 的根窗格添加至容器的组件。由多个 JMenu 组成，每个 JMenu 在 JMenubar 中都表示为字符串。

（2）JMenu：JMenu 在 JMenuBar 下以文本字符串形式显示，而在用户单击它时，则以弹出式菜单显示。

（3）JMenuItem：JMenu 或 JPopupMenu 中的一个组件，以文本字符串形式显示，可以具有图标 JMenuItem 的外观可以修改，如字体、颜色、背景、边框等除字符串外，在 JMenuItem 中还可以添加图标。

关于其他菜单组件的使用可以参考 JavaDoc，下面是菜单的基本用法，如图 14-21 所示。

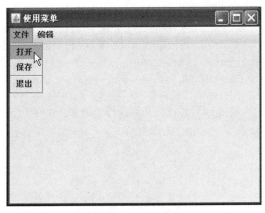

图 14-21　使用菜单

部分代码：

```java
public class MyJFrame extends JFrame{
    public MyJFrame(String title){super(title);init();}
    private void init(){
        this.setSize(200, 100);                             //设置宽度，高度
        this.setLocationRelativeTo(null);                   //屏幕中间出现
        this.setDefaultCloseOperation(JFrame.EXIT_ON_CLOSE); //关闭按钮

                                                            //创建菜单条
        JMenuBar mb=new JMenuBar();

                                                            //创建顶级菜单
        JMenu menuFile=new JMenu("文件");
        JMenu menuEdit=new JMenu("编辑");

                                                            //菜单项
        JMenuItem menuItemOpen=new JMenuItem("打开");
        JMenuItem menuItemSave=new JMenuItem("保存");
        JMenuItem menuItemExit=new JMenuItem("退出");
        JMenuItem menuItemCopy=new JMenuItem("复制");
        JMenuItem menuItemCut=new JMenuItem("剪切");

                                                            //菜单项装入顶级菜单
        menuFile.add(menuItemOpen);
        menuFile.add(menuItemSave);
        menuFile.add(new JSeparator());                     //加入分隔符
        menuFile.add(menuItemExit);                         //加入分隔符
        menuEdit.add(menuItemCopy);
        menuEdit.add(menuItemCut);

                                                            //顶级菜单装入菜单条
        mb.add(menuFile);
        mb.add(menuEdit);

                                                            //菜单条装入 JFrame
        this.getContentPane().add(mb,BorderLayout.NORTH);
        this.setVisible(true);
    }
    public static void main(String[] args) {
        new MyJFrame("使用菜单");
    }
}
```

14.6　对　话　框

14.6.1　JOptionPane

JOptionPane 主要用于消息的确认、提示、输入等用途，它显示一个图标、一个或者多个可选值和一行功能按钮，由 JOptionPane 创建的对话框都是模式对话框。它提供了 4 种类型，其中有两种是常用类型：

1．消息对话框

消息对话框显示一个信息消息，并且总是只有一个"确定"按钮。该对话框中的消息内容、标题内容、图标和对话框的消息类型都是可以设置的。消息对话框是调用 JOptionPane 的静态方法 showMessage()产生的，该方法有多重重载的形式：

（1）void showMessageDialog(Component parentComponent, Object message)。

（2）showMessageDialog(Component parentComponent, Object message, String title, int messageType)。

（3）showMessageDialog(Component parentComponent, Object message, String title, int messageType, Icon icon)。

这些方法中的参数所代表的意义如下：

- parentComponent：定义作为此对话框的父对话框的 Component。
- message：要置于对话框中的描述消息。在最常见的应用中，message 就是一个 String 或 String 常量。
- title：对话框的标题。
- messageType：定义 message 的样式。外观管理器根据此值对对话框进行不同的布置，并且通常提供默认图标，可能的值都是 JOptionPane 中定义的常量,分别是:ERROR_MESSAGE（错误消息）、INFORMATION_MESSAGE（信息消息）、WARNING_MESSAGE（警告消息）、QUESTION_MESSAGE（询问消息）、PLAIN_MESSAGE（纯文本消息）。

加入如下代码：

```
JOptionPane.showMessageDialog(frame,"用户名或者密码不正确! ", "登录失败",JOptionPane.
ERROR_MESSAGE );
```

运行效果如图 14-22 所示。

图 14-22　JOptionPane

2．确认对话框

与消息对话框不同的是，确认对话框一般提出问题，需要用户选择一个按钮来回答，这样该对话框由返回值来指示用户选择的是哪个按钮。创建确认对话框需要调用静态的 showConfirmDialog()方法，该方法也有多种重载的形式：

（1）int showConfirmDialog(Component parentComponent, Object message)。

（2）int showConfirmDialog(Component parentComponent, Object message, String title, int optionType)。

（3）int showConfirmDialog(Component parentComponent, Object message, String title, int optionType, int messageType)。

（4）int showConfirmDialog(Component parentComponent, Object message, String title, int optionType, int messageType, Icon icon)。

参数 parentComponent、message、title 与前面介绍的意义是一样的。optionType 表示对话框的按钮选项，其值也是在 JOptionPane 中定义的常量：YES_NO_OPTION、YES_NO_CANCEL_OPTION 或 OK_CANCEL_OPTION。messageType 与前面介绍的一样，Icon 表示要显示的自定义图标。

其返回值也是在 JOptionPane 中定义的常量：YES_OPTION(选择了 Yes 按钮)、NO_OPTION(选择了 No 按钮)、OK_OPTION(选择了 OK 按钮)、CANCEL_OPTION(选择了 Cancel 按钮)、CLOSED_OPTION(关闭了对话框)。

加入如下代码：

```
JOptionPane.showConfirmDialog(frame, "确认要删除吗?","删除",JOptionPane.YES_
NO_OPTION,JOptionPane.QUESTION_MESSAGE);
```

运行效果如图 14-23 所示。

图 14-23　JOptionPane

14.6.2　JDialog

JDialog 与 JFrame 一样，是一个顶级容器，所以不能直接将 GUI 组件加入到 JDialog 中，而是要通过 JDialog.getContentPane().add()方法来添加组件。向 JDialog 中添加组件与 JFrame 差不多，一般使用 JDialog 来做自定义对话框。

14.7　Java 2D 绘制图形

在 AWT 的初始实现中，图形能力并不十分完善。因为开发 JDK 是打算将其作为平台中立的实现平台，所以其原始的功能被限制于"最少公共功能"上，所有被支持的操作系统上保证提供这些公共功能，在 Java 2D 出现之前，对绘制能力、字体操作和图像控制的支持非常少。而对诸如用图案进行着色、形状操作以及图形变换之类的重要操作的支持则完全没有。Java 2D 满足了跨平台实现中对这些功能以及其他功能的需求。Java 2D API 扩展了 java.awt 包中定义的 Graphics 类和 Image 类，提供了高性能的二维图形、图像和文字，同时又维持了对现有 AWT 应用的兼容。

绘制图形时，可以在 Graphics 对象或者 Graphics2D 对象上进行，它们都代表了需要绘图的区域，选择哪个取决于是否要使用所增加的 Java 2D 的图形功能。但要注意的是，所有的 Java 2D 图形操作都必须在 Graphics 2D 对象上调用。Graphics 2D 是 Graphics 的子类，同样包含在 java.awt 包中。

下面的例子中自定了一个一个 JPanel，然后重写了 JPanel 中的 paintComponent()方法，这个方法用来绘制组件本身。在这个方法中绘制了一个背景图片和一段文字。如果要使用 Java 2D 进行绘制，则必须首先将 paintComponent 的参数 Graphics 转换为 Graphics 2D：

```
import java.awt.Color;
import java.awt.Font;
import java.awt.Graphics;
import java.awt.Graphics2D;
import java.awt.Image;
import java.awt.Toolkit;
```

```
import javax.swing.JPanel;
public class DiskTopPanel extends JPanel{
    public void paintComponent(Graphics g){
        super.paintComponent(g);
        //取得背景图片
        Image img=Toolkit.getDefaultToolkit().getImage("bg.jpg");
        Graphics2D g2=(Graphics2D) g;
        g2.drawImage(img,0,0,this.getWidth(),this.getHeight(),this);
        g2.setFont(new Font("宋体",Font.BOLD,20));
        g2.setColor(Color.BLUE);
        g2.drawString("Java2D绘图示例",100,100);
    }
}
```

然后将这个自定义的 JPanel 放入到 JFrame 中，这样 DiskTopPanel 在 JFrame 中显示时，就会调用 paintComponent()方法将自己绘制出来，而且当 JFrame 大小发生变化的时候，这个方法会被重新调用。

```
public class MyJFrame extends JFrame{
    public MyJFrame(String title){
    super(title);
    init();
}
    private void init(){
        this.setSize(400, 300);                          //设置宽度，高度
        this.setLocationRelativeTo(null);                //屏幕中间出现
        this.setDefaultCloseOperation(JFrame.EXIT_ON_CLOSE);        //关闭按钮
                                                         //加入自定义面板
        this.getContentPane().add(new DiskTopPanel(),BorderLayout.CENTER);
        this.setVisible(true);
    }
    public static void main(String[] args){
        new MyJFrame("Java2D绘制背景");
    }
}
```

程序运行结果如图 14-24 所示。

图 14-24　Java 2D 绘图

第15章

虚拟机中的内存管理

掌握程序在运行时对内存的分配、占用，对合理化程序设计、优化程序结构有很大的好处；了解 Java 语言对内存的管理，也有利于了解 Java 语言的一些特性与机制。良好的、健壮的代码不但要能够实现要求的功能，还要求合理利用内存，优化运行效率。

15.1 Java 程序内存分配概述

掌握程序在运行时对内存的分配、占用，对合理化程序设计、优化程序结构有很大的好处，了解 Java 语言对内存的管理，也有利于了解 Java 语言的一些特性与机制。良好的、健壮的代码不但要能够实现要求的功能，还要求合理利用内存，优化运行效率。

要了解 Java 程序的内存分配，首先要了解在进行内存分配时，Java 程序、Java 虚拟机与操作系统之间的关系，下面从程序准备运行开始说明三者之间的关系：

（1）有些编程语言编写的程序会直接向操作系统请求内存，而 Java 语言为保证其平台无关性，并不允许程序直接向操作系统发出请求，而是在准备运行程序时由 Java 虚拟机向操作系统请求一定的内存空间，并分配给所运行的程序，这时所请求的内存空间大小称为初始内存空间。程序运行过程中所需的内存都由 Java 虚拟机从这片内存空间中划分。

（2）当程序所需内存空间超出初始内存空间时，Java 虚拟机会再次向操作系统申请更多的内存供程序使用。

（3）如果 Java 虚拟机已申请的内存达到了规定的最大内存空间，但程序还需要更多的内存，这时会出现内存溢出的错误。

图 15-1～图 15-3 演示了 Java 程序、Java 虚拟机与操作系统之间的关系。

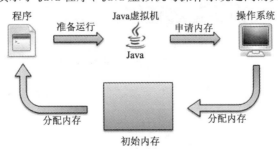

图 15-1　初始内存分配

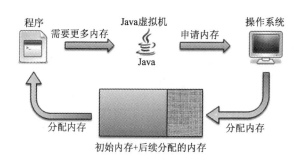

图 15-2　初始内存不足时继续分配内存

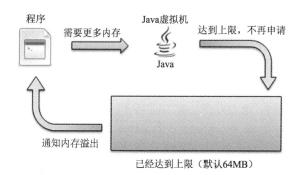

图 15-3　内存达到上限时通知程序内存溢出

至此可以看出，Java 程序所使用的内存是由 Java 虚拟机进行管理、分配的。Java 虚拟机规定了 Java 程序的初始内存空间和最大内存空间（两者都可以进行调整），开发者只需要关心 Java 虚拟机是如何管理内存空间的，而不用关心某一种操作系统是如何管理内存的。

15.2　堆　和　栈

Java 程序中的哪些内容会占用内存空间呢？面向对象编程中接触最多的类的结构、对象中的数据、变量（包括基本类型和引用类型）等都会占用内存空间，如图 15-4 所示。

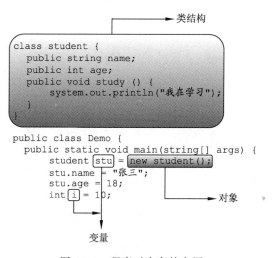

图 15-4　程序对内存的占用

为了方便管理，Java 虚拟机对应地在内存中划分了 3 个区域"方法区""堆区"和"栈区"（见图 15-5），分别保存类结构、对象中的数据和变量（基本型和引用型）。这 3 个内存区域都有大小限制，任何一个区域内存溢出都会导致程序出现错误，栈内存溢出会发生 StackOverflowException 错误，堆内存溢出会发生 OutOfMemoryError 错误。

方法区中的内存分配：方法区默认最大容量为 64 MB，Java 虚拟机会将加载的 Java 类存入方法区，保存类的结构（属性与方法）、类静态成员等内容。编写中小型程序时，一般不会造成方法区的内存溢出。类结构在方法区中的存放形式如图 15-6 所示。

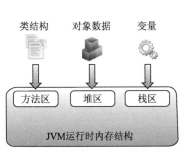

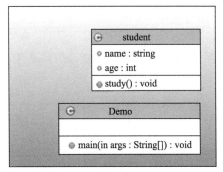

图 15-5　Java 虚拟机在内存中划分了 3 个区域　　图 15-6　Student 和 Demo 类在方法区中的示意图

堆中的内存分配：堆默认最大容量为 64 MB，堆存放对象持有的数据，同时保持对原类的引用。可以简单地理解为对象属性的值保存在堆中，对象调用的方法保存在方法区。下面的代码是定义一个 Student 类和实例化两个 Student 类的对象：

```java
public class Student {
    public String name;
    public int age;
    public void study(){
        System.out.println("我在学习");
    }
}
public class Demo{
    public static void main(String[] args){
        int i=10;
        Student stu1=new Student();
        stu1.name="Tom";
        stu1.age=18;
        Student stu2=new Student();
        stu2.name="Jerry";
        stu2.age=22;
    }
}
```

此时对象在堆内存中的状态如图 15-7 所示。

栈中的内存分配：栈默认最大容量为 1 MB，在程序运行时，每当遇到方法调用时，Java 虚拟机就会在栈中划分一块内存，称为栈帧（Stack frame），栈帧中的内存供局部变量（包括基本类型与引用类型）使用，当方法调用结束后，Java 虚拟机会收回此栈帧占用的内存。

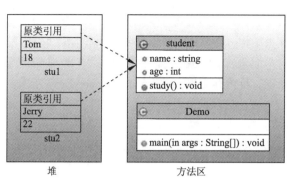

图 15-7　对象在堆中分配示意图

需要注意的是,基本类型在栈中存放对应的变量值,而引用类型则在栈中存放对象的引用(即保存的是堆中对象的地址)。栈区、堆区、方法区三者关系如图 15-8 所示。

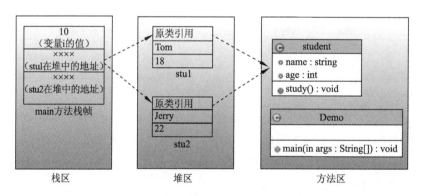

图 15-8　栈、堆、方法区之间的关系

引用类型的比较:一般习惯于使用“==”运算符来判断两个变量是否相等,这对于基本类型的变量来说没有问题,但是对于引用类型的变量,“==”运算符判断的是两个变量的引用地址是否相同,而不是引用的内容。例如:

```java
public class Demo {
    public static void main(String[] args){
        Student stu1=new Student();
        stu1.name="Tom";
        stu1.age=18;
        Student stu2=new Student();
        stu2.name="Tom";
        stu2.age=18;
        System.out.println(stu1==stu2);
    }
}
```

stu1 与 stu2 引用的对象内容完全一样,但是输出结果却为 false,因为 stu1 与 stu2 的引用地址不同。为了对引用类型的内容进行比较,Object 类提供了 equals()方法,每个类可以重写该方法,定义自己的比较规则。例如,我们学习过的 String 类,就重写了 equals()方法。

提示:如果类没有重写 equals()方法,依然可以调用该方法进行判断,但此时比较的仍然是引用地址,而非对象的内容。

那么如何正确地重写 equals() 方法呢？先来看在 Object 类中对于 equals 的方法定义：

```
public boolean equals(Object obj)
```

equals 方法实现的功能是将当前对象（this）与传入对象进行比较，返回比较结果。返回值为 boolean 类型很好理解，认为相等返回 true，否则返回 false。传入的参数代表比较对象，将其与当前对象（this）的内容进行比较。一般来说，应该按照如下规则实现 equals() 方法：

（1）判断传入对象是否为 null，如果为 null 返回 false。

（2）判断传入对象与当前对象是否为同一类型（通过 instanceof 关键字），如果不是返回 false。

（3）判断当前对象与传入对象的内容。

应用上述 3 个规则为 Student 类添加 equals() 方法：

```java
public class Student{
    public String name;
    public int age;
    public void study(){
        System.out.println("我在学习");
    }
    public boolean equals(Object obj){
        if (obj==null) return false;
        //判断传入参数是否为 Student 类的实例
        if (!(obj instanceof Student)) return false;
        Student stu=(Student) obj;
        return this.age==stu.age&&this.name.equals(stu.name);
    }
}
```

创建学生对象，然后进行比较：

```java
public class Demo{
    public static void main(String[] args){
        Student stu1=new Student();
        stu1.name="Tom";
        stu1.age=18;
        Student stu2=new Student();
        stu2.name="Tom";
        stu2.age=18;
        System.out.println(stu1==stu2);
        System.out.println(stu1.equals(stu2));
    }
}
```

运行代码，表达式 stu1==stu2 依然输出 false，但 stu1.equals(stu2) 输出结果为 true。

15.3　方法的值传递和引用传递

每当一个方法调用另一个方法时，Java 虚拟机会在栈中划分一个栈帧给新的方法，而方法往往是具有参数的，参数的值是如何从一个栈帧传递到另一个栈帧的呢？根据参数变量类型的不同，传递方式分为值传递与引用传递两种。

如果方法参数是基本数据类型，该参数采用值传递，Java 虚拟机会复制参数的值，放入新的栈帧；如果方法参数是引用数据类型，该参数采用引用传递，Java 虚拟机会复制引用对象在堆中的地址，放入新的栈帧。引用传递之所以复制的是对象的地址而不是对象的数据，是为了提高运行效率，减少内存的浪费。两种传参形式的原理不同，特点也不一样，请观察下面的代码：

```java
public class Demo{
    public static void changeInt(int i) {                    //值传递
        i=5;
    }
    public static void changeStudent(Student stu) {          //引用传递
        stu.age=5;
    }
    public static void main(String[] args){
        int i=10;
        Student stu=new Student();
        stu.name="Tom";
        stu.age=18;
        changeInt(i);
        changeStudent(stu);
        System.out.println(i);
        System.out.println(stu.age);
    }
}
```

代码中的两个方法 changeInt()和 changeStudent()分别使用了值传递和引用传递来传递参数，并且都在方法中对参数的内容进行了修改，但程序最后的输出结果 i 的值还是 10，并没有被修改，而 stu.age 的值被修改为 5。图 15-9 展示了产生这种结果的原因。

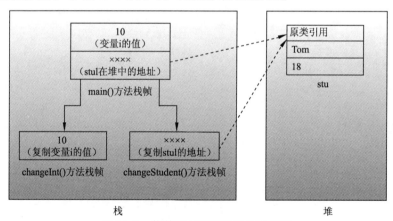

图 15-9　值传递与引用传递的示意图

也就是说调用方法的时候，实际参数会被"复制"一份给方法的形式参数。对于值传递，"复制"给形式参数的是一个值，复制之后，形式参数与实际参数就没有任何关系了；而如果是引用传递，实际参数"指向"堆中的对象，为方法传值时"复制"给形式参数的是对象的地址，那么形式参数和实际参数"指向"的就是堆中的同一个对象。

15.4　垃圾回收机制

垃圾回收（Garbage Collection，GC）极大地简化了程序对内存的管理，是 Java 语言的重要特征之一。很多编程语言要求程序员手工申请内存并手工释放内存，但程序员往往会遗忘释放内存这一步骤（造成内存泄漏），或因为程序过于复杂进行错误的释放。

在 Java 语言中，程序员需要手工申请内存（一般使用 new 关键字），但不用手工编码释放内存，而是由 Java 虚拟机自动对不再使用的内存进行回收，这种机制称为垃圾回收机制。

在栈区、堆区、方法区 3 个内存分区中，栈会在方法调用时划分栈帧，方法调用结束时回收栈帧，不需要垃圾回收，堆和方法区都会进行垃圾回收。方法区中的垃圾回收主要作用是回收不再被对象引用的类结构所占用的内存，堆中的垃圾回收主要作用是回收不再被引用的对象数据所占用的内存。

要进行垃圾回收，首先要判断什么是"垃圾"。在堆中，没有任何引用的对象被称为垃圾。如下面的代码所示，当方法 show() 运行完成后，show() 方法栈帧会被回收，stu 对象的引用也就不存在了，此时堆中的 stu 对象即被标示为"垃圾"。垃圾回收示意图如图 15-10 所示。

```
public class Demo {
    public static void main(string[] args){
        show();
    }

    public static void show(){
        student stu = new student();
        stu.name = "Tom";
        stu.age = 18;
    }
}
```

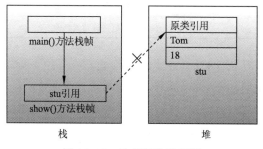

图 15-10　垃圾回收示意图

> **提示**：所谓不被引用的对象，即不被栈所引用、同时也不被堆中的其他对象所引用的对象。

当堆中的对象被标示为垃圾时，该对象并不会立刻被回收，而是要等到垃圾回收程序运行时才被回收。根据具体 Java 虚拟机的实现不同，垃圾回收程序运行的时机也不相同，可以定时运行，也可以等到内存不足时运行。当对象被垃圾回收程序回收时，会调用对象的 finalize() 方法通知开发者该对象即将被回收。但因为垃圾回收程序的运行时机是不可测的，甚至在一些占用内存少的程序中根本不会进行垃圾回收，所以不能依赖此方法实现重要的功能。

```
public class Student{
    public String name;
    public int age;
    public void study(){
        System.out.println("我在学习");
```

```
    }
    protected void finalize() throws Throwable{
        System.out.println("我被垃圾回收了！");
    }
}
```

finalize()方法继承自 Object 类，在父类中规定了方法的修饰符为 protected，throws Throwable 代表本方法可能会产生错误。

> **提示：** 垃圾回收时因需要整理堆中的内存，为防止出现错误的操作，一般垃圾回收运行时会暂停主程序的运行。所以，应该避免频繁地进行垃圾回收，以免影响程序的性能。

15.5 Runtime 类的使用

可以借助于 Java 提供的 Runtime 类提供的方法来加深对垃圾回收过程的了解，表 15-1 中列出了 Runtime 类中的主要方法。

表 15-1 Runtime 类中的主要方法

返 回 类 型	方 法 名 称	作　用
Runtime	getRuntime()	获取 Runtime 对象
long	totalMemory()	获取 JVM 分配给程序的内存数量
Long	freeMemory()	获取当前可用的内存数量
Long	maxMemory()	获取 Java 虚拟机可以申请到的最大内存数量
void	gc()	建议 Java 虚拟机进行垃圾回收

> **提示：** Runtime 提供的 gc()方法只会建议 Java 虚拟机进行垃圾回收，但是不保证一定会进行，比如连续地调用 gc()方法，Java 虚拟机就很可能忽略该请求。

下面的程序通过申请和释放长度为 50 万的数组，演示了垃圾回收的特性：

```
public class Demo {
    public static void main(String[] args){
        showMemory("程序初始时");
        Student[]stus=new Student[500000];
        for (int i=0; i<stus.length; i++){
            stus[i]=new Student();
            stus[i].name="Tom";
            stus[i].age=18;
        }
        showMemory("创建数组后");
        Runtime.getRuntime().gc();
        //因为 stus 数组引用了各个 Student 对象，所以这时进行垃圾回收并不会回收内存
        showMemory("第一次垃圾回收后");
        stus=null;
        //将 stus 设置为 null 后，各个 Student 对象失去了引用，会被标示为垃圾
        Runtime.getRuntime().gc();
        showMemory("第二次垃圾回收后");
```

```
    }
    public static void showMemory(String state){
        Runtime rt=Runtime.getRuntime();
        System.out.println(state+": 分配内存= " + rt.totalMemory()/1024 + "KB");
        System.out.println(state+": 剩余内存 = " + rt.freeMemory()/1024 + "KB");
        System.out.println(state + ": 内存上限 = " + rt.maxMemory()/1024 + "KB");
        System.out.println("--------------------------------------");
    }
}
```

程序运行结果：

```
程序初始时：分配内存=5056KB
程序初始时：剩余内存=4654KB
程序初始时：内存上限=65088KB
--------------------------------------
创建数组后：分配内存=14444KB
创建数组后：剩余内存=4475KB
创建数组后：内存上限=65088KB
--------------------------------------
第一次垃圾回收后：分配内存=14444KB
第一次垃圾回收后：剩余内存=14234KB
第一次垃圾回收后：内存上限=65088KB
--------------------------------------
第二次垃圾回收后：分配内存=13456KB
第二次垃圾回收后：剩余内存=13247KB
第二次垃圾回收后：内存上限=65088KB
```

从结果可以观察到，内存上限是不会更改的，而 JVM 分配给程序的内存和程序可使用的剩余内存会在运行时更改。初始时 JVM 给程序分配的内存只有 5056 KB，创建数组后，则增加到了 14 444 KB，第二次垃圾回收后又减少了给程序分配的内存，为 13 456 KB。

> 问题：第二次垃圾回收后，Java 程序内存为 13 456 KB，剩余内存 13 247 KB，也就是说这时程序只使用了 209 KB 内存，为什么 JVM 还给程序分配 13 456 KB 内存，而不是初始时的 5 056 KB 呢？
>
> 当然，可以将给 Java 程序的内存设置为 5 056 KB，但一般 JVM 会认为如果程序曾经使用过 10 MB 部分内存，经过垃圾回收即使现在使用内存很少，但很有可能将来还会使用到这部分内存。为了避免频繁地向操作系统申请、释放内存，Java 程序仍保持着较大的内存占用空间。

15.6　字符串和字符串池

经常使用的字符串是 String 类的对象，它也遵守一般的内存分配规则，但 Java 为了节省内存，提出了"字符串池"的概念：在内存中划分一片区域称为"字符串池"，将编译时可以确定的字符串常量放入池中，相同内容的字符串引用池中的同一个对象。例如：

```
public class Demo {
    public static void main(String[] args) {
```

```
        String a="Tom";
        String b="Tom";
        String c="Jerry";
        String d="Jerry";
    }
}
```

上面的程序如果按照一般规则，需要在堆中创建 4 个 String 对象。有了字符串池，只需要在池中创建 2 个对象，再令 a 和 b 引用值为"Tom"的对象，c 和 d 引用值为"Jerry"的对象即可。

Java 语言中运算符"=="比较对象的地址，equals()方法比较对象的内容。上例中变量 a 和 b 都引用同一个地址，所以使用运算符"=="比较也会返回 true。但是，使用 new 关键字创建的字符串对象和编译时无法确定内容的字符串对象不会放入字符串池中，这时如果使用"=="比较对象会返回 false，应使用 equals()方法进行比较。图 15-11 所示为字符串池示意图。

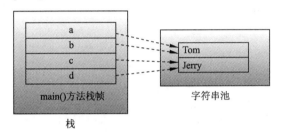

图 15-11　字符串池示意图

```
public class Demo{
    public static void main(String[] args){
        String a="Tom";
        String b=new String("Tom");
        String c="T" + "o" + "m";
        String d="T";
        String e=d + "om";
        System.out.println(a==b);       //结果为 false
        System.out.println(a==c);       //结果为 true
        System.out.println(a==d);       //结果为 false
        System.out.println(a==e);       //结果为 false
    }
}
```

第 4 行使用了 new 关键字，不使用字符串池。

第 5 行虽然"T"+"o"+"m"为表达式，但在编译时可以确定表达式的值，编译器会用"Tom"替换该表达式，可以使用字符串池。

第 6 行表达式中存在变量，无法在编译时确定表达式的值，不使用字符串池（注：不排除随着编译器的不断优化，对此类简单的表达式也能做到编译时确定值）。

了解了字符串对象在内存中的分配后，再来研究字符串进行连接运算（"+"运算）时，对内存的操作。请分别运行下面两个例子：

第一个例子：

```
public class Demo {
    public static void main(String[] args){
```

```
        int c=0;
        for (int i=0; i<100000; i++){
            c=c+1;
        }
        System.out.println(c);
    }
}
```

第二个例子：

```
public class Demo {
    public static void main(String[] args){
        String s="";
        for (int i=0; i<100000; i++){
            s=s+"1";
        }
        System.out.println(s);
    }
}
```

运行后会发现，同样是在循环中对变量进行"+"运算，第一个例子很快可以得出运算结果，第二个例子却需要很长的时间，为什么？

原来，每一次对字符串进行"+"运算时，都会将运算结果（一个新的字符串对象）放入堆中，如果进行 10 万次运算，就会在堆中创建 10 万个对象，这是非常耗时的操作（见图 15-12）。而第一个例子是对基本型进行运算，基本型变量保存在栈中，每次运算后只是将新的结果重新写入栈，并不需要分配内存，所以速度很快。

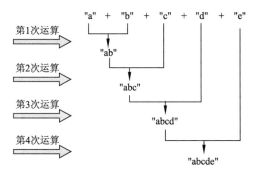

图 15-12　字符串连接操作示意图

所以在编码时，应该避免对字符串进行大量的"+"运算，如果一定需要做字符串连接，Java 提供了 StringBuffer 和 StringBuilder 两个类进行高性能的字符串连接操作。StringBuffer 和 StringBuilder 的工作原理是预先在堆中开辟一定的内存空间，在进行字符串连接操作时将字符串内容附加到内存空间中，如果内存空间不够用再申请扩大内存空间，以避免了大量产生新的对象，不断分配内存的情况。

使用 StringBuffer 进行字符串连接的代码如下：

```
public class Demo{
    public static void main(String[] args){
        StringBuffer sb=new StringBuffer();
        for (int i=0; i<100000; i++){
```

```
        sb.append("1");
    }
    //运算结束后通过 toString 方法获取 StringBuffer 中的结果
    String result=sb.toString();
    System.out.println(result);
    }
}
```

使用 StringBuffer 进行字符串连接的原理示意图如图 15-13 所示。

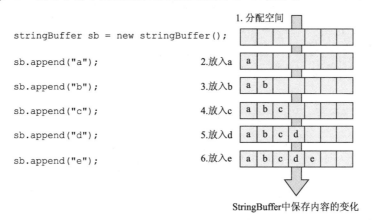

图 15-13　使用 StringBuffer 进行字符串连接原理示意图

　　StringBuilder 类的用法与 StringBuffer 类完全一样，但内部实现机制稍有改动，增加了对多线程同时访问的支持，即实现了所谓的"线程安全"。目前我们开发的代码均为单线程结构，不需要考虑线程安全因素。多线程开发技术可参考其他书籍。

附录 **A**

正则表达式

A.1　正则表达式概述

Java 程序在处理字符串时，经常需要匹配某些复杂规则的字符串。正则表达式（Regular Expression）就是用于描述字符串规则的工具。换句话说，正则表达式就是记录文本规则的代码。

例如，要验证用户输入的身份证号码是否符合身份证的规则，可以使用身份证的匹配模式字符串与用户输入的身份证号码进行匹配，如果匹配上了就合法，没有匹配上则不合法，这个匹配模式就是正则表达式：\d{18}|\d{15}。这里做以下简单解释：\d 代表数字；{18}代表必须是 18 位；"|"代表逻辑关系"或"，{15}代表必须是 15 位。当然，这个表达式没有考虑身份证号码中有"X"的情况。

通过正则表达式可以匹配复杂规则的字符串，在字符串查询验证中非常方便。如果没有正则表达式，许多字符串验证就需要非常烦琐的代码，并且这些代码往往不便于阅读，还会对将来的代码维护造成很大的麻烦。

要想用好正则表达式，需要学习正则表达式的语法。

A.2　正则表达式语法

整个正则表达式中的字符分成两类：

（1）原意（正常）文本字符：这些字符表示的意义就是字符本身。

（2）元字符：指那些在正则表达式中具有特殊意义的专用字符，可以用来规定其前导字符（即位于元字符前面的字符）在目标对象中的出现模式

A.2.1　元字符

可以将元字符划分为以下几类：

（1）通配符：正则表达式中的通配符如表 A-1 所示。

表 A-1　正则表达式中的通配符

元　字　符	描　　述
.	匹配除换行符以外的任意字符

续表

元 字 符	描 述
\w	匹配字母或数字或下画线或汉字
\W	匹配所有非单词字符
\s	匹配任意的空白符包括空格、制表符、回车符、换行符
\S	匹配所有非空字符
\d	匹配 0~9 的所有数字
\D	匹配非数字

其实很容易记忆这些元字符表示的意义：d 是 digit 的意思，代表数字；s 是 space 的意思，代表空白；w 是 word 的意思，代表单词。d、s、w 的大写形式恰好匹配与之相反的字符。

（2）限定重复次数：正则表达式验证字符出现的次数，是通过重复限定符来实现的。常用的重复限定符如表 A-2 所示。

表 A-2　限定重复次数

元 字 符	描 述
*	重复零次或更多次
+	重复一次或更多次
?	重复零次或一次
{n}	重复 n 次
{n,}	重复 n 次或更多次
{n,m}	重复 n 到 m 次

（3）限定出现位置，如表 A-3 所示。

表 A-3　限定出现位置

元 字 符	描 述
^	匹配字符串的开始
$	匹配字符串的结束

（4）限定范围，如表 A-4 所示。

表 A-4　限定范围

元 字 符	描 述
[ ]	[abc] 表示 a 或者 b 或者 c 中任意一个，[a-zA-Z0-9]表示所有的数字或者字母
[^]	不在这个范围中

（5）分组：使用"()"进行分组，与数学表达式中的（）类似。

（6）或运算：使用"|"，最常用在分组中，如(read|writ)ing 可以匹配 reading 和 writing。

（7）转义：当正则表达式中出现元字符时，需要使用转义字符"\"。例如：taobao\.com 匹配 taobao.com，C:\\Windows 匹配 C:\Windows。常用转义符有：

\.:表示字符"."。

\n:表示换行。

\t:表示一个制表符。

\\:表示 字符"\"。

A.2.2 示例分析

通过上面的介绍分析一下商品价格的正则表达式。对于商品价格的规则如下：

（1）非空，必须有价格。

（2）全部是数字，最多有两位小数，以下数字合法：

10　10.2　13.55　0.2

（3）整数部分不能以0开头，如果没有小数部分则不应该出现小数点，以下数字不合法：

012　12.

按照上面的规则，正则表达式如图A-1所示。

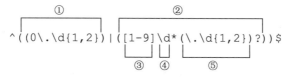

图 A-1　正则表达式

表达式解析：从左向右依次考虑每一位上的数字。因为不能为空，所以就必须有开头和结尾，所以在前面加上了"^"，在末尾加上了"$"，第一位数字如果为0，那么后面必须有小数位，如果不为零有可能有小数位，也可能没有小数位，所以将整个表达式分成两种情况来考虑①和②两个部分，使用（）分成两组，中间使用"|"。①是以0开头的情况，②是非0开头的情况。①中，开头必须是0，后面紧跟小数点，小数点后面的数字出现1到2次。③中从1到9的任何一个数字可以开头，后面紧跟④，第二个必须是数字，出现0到多次，⑤是小数部分可以出现1次到多次，小数点后面的数字出现1次到多次。

A.3　Java中使用正则表达式

Java语言对正则表达式提供了丰富的支持。

（1）String类支持正则表达式。

（2）java.util.regex.Pattern支持正则表达式。

A.3.1 String类支持正则表达式

验证输入的字符串数字是否是合法的价格：

```java
public class Test{
    public static void main(String[] args){
        String reg="^((0\\.\\d{1,2})|([1-9]\\d*(\\.\\d{1,2})?))$";
        String price="12.56";
        System.out.println(price.matches(reg));
    }
}
```

String类的matches(String reg)方法可以验证字符串是否匹配某个正则表达式，返回一个布尔类型的结果，true表示匹配上，false表示没有匹配上。

此外 String 类中还有以下几个方法可以使用正则表达式：

（1）String replaceAll(String regex,String replacement)：：将字符串中所有与正则表达式匹配的部分替换成 replacement，然后将替换后的字符串返回。

（2）String replaceFirst(String regex,String replacement)：只替换第一个匹配上的字符串。

（3）String[] split(String regex)：按照正则表达式进行拆分，返回字符串数组。

> 提示：在编写正则表达式时要记得在 Java 字符串中的通配符的使用。例如，在正则表达式中的 "\\" 在 Java 代码中就应该是 "\\\\"。

A.3.2　java.util.regex.Pattern 支持正则表达式

Java 中的 java.util.regex.Pattern 类，专门提供对正则表达式的支持，该类提供丰富的方法可以完成正则表达式的匹配。

（1）简单匹配：Pattern 类的静态方法 matches(reg,str)可以判断一个字符串是否匹配对应的正则表达式。例如：

```java
public class Test {
    public static void main(String[] args) {
        String reg="^((0\\.\\d{1,2})|([1-9]\\d*(\\.\\d{1,2})?))$";
        String price="12.56";
        System.out.println(Pattern.matches(reg, price));
    }
}
```

（2）编译后重用匹配：一个正则表达式与某字符串匹配之前，首先需要对正则表达式进行编译，然后再运行匹配操作。在应用程序中，经常对某一正则表达式重复使用。为了提升程序运行效率，Java 中的 Pattern 类提供了对正则表达式的编译机制，可以把编译后的正则表达式封装为 Pattern 对象，达到重复使用的目的。例如：

```java
public class Test{
    public static void main(String[] args){
        String reg="^((0\\.\\d{1,2})|([1-9]\\d*(\\.\\d{1,2})?))$";
        Pattern pattern=Pattern.compile(reg);
        String price="12.56";
        Matcher matcher=pattern.matcher(price);
        System.out.println(matcher.find());
    }
}
```

附录 B

Java 中的反射机制

反射：Reflection 这个字的意思是"反射、映像、倒影"，在 Java 中是指可以在运行时加载、探知、使用编译期间完全未知的 classes。

换句话说，Java 程序可以加载一个运行时才得知名称的 class，获悉其完整构造（但不包括 methods 定义），并生成其对象实体或对其 fields 设值、调用某个 methods。这种"看透 class"的能力称为 introspection（内省、内观、反省）。Reflection 和 introspection 是常被并提的两个术语。

反射可以在运行时通过 Reflection API 取得任何一个已知名称的 class 的内部信息。包括：

（1）访问修饰符(modifiers)，例如 public、static 等。

（2）超类(superclass)，例如 Object）。

（3）类所实现的接口（interfaces）。

（4）字段信息(fields)：类中的属性，用来保存数据，可以更改 fields 内容。

（5）方法(methods)：可以调用 methods。

（6）构造器(constructors)：类的构造方法。

（7）包(package)：类所在的包。

B.1　Class 类

每个类被类加载器加载之后，系统就会为该类生成一个对应的 java.lang.Class 类型的对象。通过该 Class 对象就可以访问到 JVM 中的这个类。Class 类的实例代表一个正在运行的 Java 应用程序的类或接口，数组以及 Java 的基本数据类型和关键字 void 都是由 Class 对象来表达。可以通过 3 种方式来获取到 Class 类型的实例对象：

（1）使用 Class 类的 forName（）静态方法。该方法需要传入字符串参数，参数值是某个类的全限定类名（包名加类名）。例如：

```
Class c=Class.forName("java.lang.String");
```

（2）调用某个类的 class 属性，例如：

```
Class c=Student.class;
```

（3）调用某个对象的 getClass()方法，该方法是 java.lang.Object 类中的一个方法，所有的 Java 对象都可以调用该方法。例如：

```
Student stu=new Student();
Class c=stu.getClass();
```

一旦获取了某个类所对应的 Class 对象之后，就可以调用 Class 对象的方法来"反射"获取类中的信息。

B.2　反射创建对象

通过反射生成对象有两种方式：

（1）使用 Class 对象的 newInstance()方法创建该 Class 对象对应类的实例，这种方式要求这个类必须有默认的无参构造方法。运行 newInstance()方法就是利用了默认无参构造方法来创建该类的对象的。

（2）先用 Class 对象获取指定的构造方法对象(java.lang.reflect.Constructor 类的实例)，然后再调用 Constructor 对象的 newInstance()方法来创建对象。这种方式可以选择使用类的构造方法来创建类的实例。

先定义一个 Student 类，放在 com.mydomian 包中：

```java
package com.mydomian;
public class Student{
    //field
    private String name;
    private int age;
    //getter 方法
    public String getName(){
        return name;
    }
    public int getAge(){
        return age;
    }
    //setter 方法
    public void setName(String name){
        this.name=name;
    }
    public void setAge(int age){
        this.age=age;
    }
    //Constructor 方法
    public Student(){
}
    public Student(String name, int age){
        this.name=name;
        this.age=age;
    }
    public String toString(){
        return "姓名:"+name+"  年龄:"+age;
    }
}
```

下面的代码中使用这两种方法来创建 com.mydomian.Student 类的实例对象：

```java
import java.lang.reflect.Constructor;
import java.lang.reflect.InvocationTargetException;
public class Demo {
```

```
    public static void main(String[] args){
        try {
            //使用 newInstance 方法加载
            Class cls=Class.forName("com.mydomian.Student");
            Student stu1=(Student)cls.newInstance();
            System.out.println(stu1.toString());
            //使用 Constructor 对象加载
            //后面的 String.class,int.class 是构造方法的参数类型
            Constructor cst=cls.getConstructor(String.class,int.class);
            Student stu2=(Student) cst.newInstance("张三",20);
            System.out.println(stu2.toString());
        } catch (ClassNotFoundException e){
            e.printStackTrace();
        } catch (InstantiationException e){
            e.printStackTrace();
        } catch (IllegalAccessException e){
            e.printStackTrace();
        } catch (SecurityException e) {
            e.printStackTrace();
        } catch (NoSuchMethodException e){
            e.printStackTrace();
        } catch (IllegalArgumentException e){
            e.printStackTrace();
        } catch (InvocationTargetException e){
            e.printStackTrace();
        }
    }
}
```

上面调用的方法中需要对异常进行处理。运行后的结果为：

```
姓名:null   年龄:0
姓名:张三   年龄:20
```

B.3　反射查看方法

当获得某个类对应的 Class 对象后，就可以通过 Class 对象的 getMethods()方法或者 getMethod()方法来获取全部方法或者指定方法，这两个方法的返回值都是 java.lang.reflect.Method 类型的数组或者 java.lang.reflect.Method 对象。

每个 Method 对应一个方法，获得 Method 对象之后，可以通过这个对象获取这个方法的相关信息。Method 对象中的方法：

（1）public int getModifiers()：取得方法的访问修饰符，是一个整形值。在 java.lang.reflect.Modifier 类中定义了访问修饰符所对应的数字的常量。

（2）Class　getReturnType()：获取方法的返回类型。通过 Class 的 getName()方法可以获取到类型完整的类型名称（包名+类名），Class.getSimpleName()方法则是获取不带包名的类的名称。

（3）public String getName()：获取方法的名称。

（4）public Class[] getParameterTypes()：取得参数的类型数组。

```
import java.lang.reflect.Method;
public class Demo{
    public static void main(String[] args){
```

```
        try {
            //使用 newInstance 方法加载
            Class cls=Class.forName("com.mydomian.Student");
            Method[] methods=cls.getMethods();
            System.out.println("com.mydomian.Student 类中的方法:");
            System.out.println("访问修饰符\t 返回类型\t 方法名\t\t 参数类型");
            for (Method method : methods){
                System.out.print(method.getModifiers()+"\t\t");
                System.out.print(method.getReturnType().getSimpleName()+"\t");
                System.out.print(method.getName()+"\t\t");
                Class[] parameterType=method.getParameterTypes();
                for (Class pt : parameterType){
                    System.out.print(pt.getSimpleName()+" ");
                }
                System.out.println();
            }
        } catch (ClassNotFoundException e){
            e.printStackTrace();
        }
    }
}
```

程序运行结果：

```
com.mydomian.Student 类中的方法
访问修饰符返回类型      方法名        参数类型
1           String      toString
1           String      getName
1           void        setName      String
1           int         getAge
1           void        setAge       int
17          void        wait
17          void        wait         long int
273         void        wait         long
257         int         hashCode
273         Class       getClass
1           boolean     equals       Object
273         void        notify
273         void        notifyAll
```

从结果中发现，Class 对象的 getMethods()方法获取到的方法包含了从父类继承过来的方法。Class 的 public Method[] getDeclaredMethods() 则返回的是 Method 不包含继承过来的方法。

B.4 反射调用方法

程序可以通过该 Method 来调用对应的方法。在 Method 来中定义了一个 invoke()方法，方法定义如下：

```
public Object invoke(Object obj,Object...args)
```

其中，obj 表示运行该方法的主调，args 是运行该方法时传入方法的参数。

```
import java.lang.reflect.Method;
public class Demo {
    public static void main(String[] args){
        try {
```

```
        Class cls=Class.forName("com.mydomian.Student");
        //创建实例对象
        Student stu=(Student) cls.newInstance();
        //获取 setName
        Method method=cls.getMethod("setName",String.class);
        //调用 setName
        method.invoke(stu,"张三");
        System.out.println(stu.toString());
    } catch (Exception e){
        e.printStackTrace();
    }
  }
}
```

B.5　属　性　访　问

通过 Class 对象的 getFields()或者 getField()方法可以获取该类所包含的全部 Field 或者指定的 Field。用 java.lang.reflect.Field 对象表示属性。

（1）public Field[] getField()：只获取 public 访问控制的 Field。

（2）public Field[] getDeclaredField()：获取所有的 Field,包括私有的对于属性的访问。Field 提供了两组方法来方法来访问属性：

（3）public ×××　get×××(Object obj)：获取 obj 对象的该 Field 的属性值。此处的 ××× 对应 8 个基本数据类型，如果该属性的类型是引用类型则取消 get 后面的 ×××。

（4）void set×××(Object obj,××× val)：将 obj 对象的该 Field 设置成 val 值。此处的 ××× 对应 8 个基本数据类型，如果该属性的类型是引用类型则取消 set 后面的 ×××。

使用这两个方法可以随意访问指定对象的所有属性，包括 private 访问控制的属性。Field 类从它的父类 java.lang.reflect.AccessibleObject 中继承了一个方法：

```
public void setAccessible(boolean flag)
```

参数值为 true 则指示反射的对象在使用时应该取消 Java 语言访问检查；值为 false 则指示反射的对象应该实施 Java 语言访问检查。如果取得的 Field 的访问修饰符是 private，访问它时会进行访问检查，在类的外部访问是不可行的，想在外部访问，就需要调用该方法。例如：

```
import java.lang.reflect.Field;
public class Demo {
    public static void main(String[] args){
        try {
            Class cls=Class.forName("com.mydomian.Student");
            //创建对象
            Student stu=new Student("张三",20);
            System.out.println("访问属性之前:"+stu.toString());
            //取得 name 属性
            Field fieldName=cls.getDeclaredField("name");
            //因为 name 属性是私有的，通过方法取消属性的类型检查
            fieldName.setAccessible(true);
            //为 stu 对象中的 name 属性设置值
            fieldName.set(stu,"李四");
            Field fieldAge=cls.getDeclaredField("age");
```

```
        fieldAge.setAccessible(true);
        fieldAge.setInt(stu,21);
        System.out.println("访问属性之后:"+stu.toString());

    } catch (Exception e) {
        e.printStackTrace();
    }
  }
}
```
运行结果：

访问属性之前:姓名:张三　年龄:20
访问属性之后:姓名:李四　年龄:21

B.6　操 作 数 组

在 java.lang.reflect 包下还提供了一个 Array 类，Array 类的对象可以代表所有的数组。程序可以通过使用 Array 来动态地创建数组，操作数组元素。该类中定义的所有的方法都是静态方法：

（1）public static Object newInstance(Class<?> componentType,int length)：创建一个具有指定的元素类型，指定维度的新数组。

（2）public static ×××get×××(Object array,int index)：返回 array 数组中第 index 个元素。其中，xxx 是各种基本数据类型，如果数组元素是引用类型，则该方法变为 public static Object get(Object array,int index)

（3）public static void set×××(Object array,int index,xxx value)：将 array 数组中第 index 元素的值设置为 value。其中，×××是各种基本数据类型，如果数组元素是引用类型，则该方法变为 public static void set(Object array,int index,Object value)。

下面的程序使用 Array 类生成一个数组，并为数组元素赋值，然后获取数组元素：

```
import java.lang.reflect.Array;
public class Demo{
    public static void main(String[] args){
        try {
            //创建一个数组,元素类型为 String 类型，长度为5
            Object array=Array.newInstance(String.class, 5);
            Array.set(array, 1,"这是第二个元素");        //为第二个元素赋值
            Array.set(array, 3,"这是第四个元素");        //为第四个元素赋值
            //遍历数组,没有赋值的元素为 null
            for(int i=0;i<5;i++){
                System.out.println(Array.get(array, i));
            }

        } catch (Exception e) {
            e.printStackTrace();
        }
    }
}
```